全球嬰幼兒按摩專家都推薦的

寶寶按摩

全書

鄭宜珉——著

讓你學會如何正確地為嬰幼兒按摩

近年來，已有多本與嬰幼兒按摩相關的書在台灣出版，不少本是翻譯書籍。鄭女士多年從事嬰幼兒按摩推廣工作，更於民國 93 年 4 月成立台灣國際嬰幼兒按摩協會，推出多項與嬰幼兒按摩相關的宣導或活動，及出版以手傳愛雙月刊，可謂不遺餘力地，想讓更多的嬰幼兒接受到父母親或家人的按摩，而可以成長得更健康、快樂。

在這本書裡，鄭女士精心介紹嬰幼兒按摩的歷史、不同的按摩手法，並整理出嬰幼兒按摩的研究，就刺激、放鬆、舒緩及互動四方面，說明嬰幼兒按摩可能的好處。其實，不只是嬰幼兒，對孩童、青少年、孕婦、成人或老年人，適度的撫觸均可產生此些益處。

書中亦圖文並茂地介紹了使用多年的按摩手法，可以幫助親子間的撫觸更有效率、功能更顯著。當然，詳細研讀此本書後，你一定就可以正確地為嬰幼兒進行按摩。既然按摩可以為嬰幼兒帶來那麼多的好處，希望有更多的父母、醫護人員、幼教老師可以不必花費很多心力，即可學會正確地為嬰幼兒按摩，這才是我所祈盼的，也是對台灣嬰幼兒按摩發展的期許。

輔仁大學醫學系主任

鄒國英

學習怎麼去愛，便是愛自己的開始

「愛」是一門神奇的學問，之所以神奇的原因在於，我們幾乎在生命的每一個階段、生活的每一個環節都需要它，但是我們老喜歡把它看得很簡單，故意嘲笑那些花時間去討論「愛」的人，好像不這麼做，就要被人發現自己從來沒把「愛」這件事情做好似的。

倘若愛是不費吹灰之力的，那麼怎麼會有虐童事件，大人不懂得怎麼愛小孩嗎？倘若愛是唾手可得的，那麼怎麼會有家暴事件，夫妻不懂得怎麼相愛嗎？倘若愛是呼之則來揮之則去的，那麼怎麼會有情殺事件，以愛為名的人們，不懂得怎麼給予愛、怎麼接受愛嗎？

愛的本質或許與生俱來，但是愛的實踐卻需要深刻的學習，然而大部分的我們都過於狂妄自大，明明是這樣熱切渴望著愛、渴望與某個人親近並建立起綿密的關係、渴望有個人願意無條件專注地凝視著我們、渴望在快樂與悲傷的時候都能夠被什麼人緊緊地擁抱，我們明明是這麼樣地對愛傾注著期盼，卻很少願意謙卑地在愛面前低頭，虛心學習。

事情是這樣的，當我們是一個人的時候，不懂愛的我們頂多是讓自己活得很糟糕而已，即便當我們變成兩個人了，兩個不懂愛的人最慘的下場不過是相互傷害彼此憎恨罷了，可是當我們不再是一個人，當我們不只是兩個人，當我們因為難能可貴的機會成為一個幼小生命的重要關係人時，不懂愛的我們將造就另一個不懂愛的生命，而且如此不斷延續下去，這無疑是人類世界最可怕的際遇了。

我和 Josh 決定帶 Kimi 去上嬰兒按摩課，除了想要舒緩他的腸絞痛症狀，另一方面，無非是想學習一種與他親近、讓他知道我們很愛他的方式。

哺餵母奶是我對 Kimi 愛的實踐方式之一，我是媽媽，佔了先天的優勢，但是 Josh 需要學習另一種方式建立起他和 Kimi 之間的對話，而肌膚的溫柔觸摸，是非常好的選擇，尤其對台灣普遍拘謹而不善情感表達的爸爸們而言，按摩的過程所釋放的，絕不僅是孩子初生的焦慮和不安，也是自己緊繃的肩膀和浮躁的心。

按摩前，Josh 會先將臥房的燈調得昏暗，放一張好聽的 CD，然後在 Kimi 面前坐下來，閉上眼睛，依照老師所叮囑的，開始放鬆自己。我常常從門縫偷偷觀察他們父子倆的動靜，看見 Josh 極不自然地聳肩、繞頸、呼吸，總忍不住要笑出聲來。

這是很有趣的部分，因為 Josh 是一個很不能放鬆的人，喜怒哀樂都不明顯，情感的表達很壓抑，別說全身按摩，單單是肩頸按摩對他來說都是酷刑。他有一對萬分嚴肅、講究規矩、而且永遠在乎他人的意見更勝於自己想法的父母。我認識公婆到現在，沒有聽過他們稱讚自己的孩子，總是聽到他們挑剔孩子這裡不好那裡不好，孩子如果想嘗試些什麼是他們沒有嘗試過的，他們的直覺就是孩子一定做不到。

第一次帶 Kimi 去上按摩課，邀婆婆一起去，她脫口而出的反應是，「哪有那種美國時間幫小孩按摩？」公公還很緊張地對我們說，「千萬不要讓小孩養成按摩的習慣，不然他以後就纏著大人要按摩。」

我相信公婆愛他們的孩子，我也相信公婆愛 Kimi，但是我忍不住好奇，倘若他們擁有更豐富愛孩子的途徑，倘若他們願意學習更多愛孩子的方式，現在的 Josh 會不會有什麼不一樣？倘若他們願意，他們會不會從幫 Kimi 按摩的過程，獲得什麼驚喜的樂趣，而對於被「纏上」從此甘之如飴？

如此教養下的 Josh，儘管後來練就一套上有政策下有對策的應對方式，內在本質卻依然相當衝突，比如說，他同意餵母奶是一件對孩子有益的事情，但是只要我在家以外的地方餵 Kimi，就會讓他十分不自在，儘管我穿著設計良好的哺乳衣，旁人經常以為 Kimi 只是在我的懷裡睡著了，他會不經意地說，「這裡是外面耶！」

這樣的 Josh 願意去上嬰兒按摩課，而且自發而持續地幫 Kimi 按摩，我覺得獲益最大的其實是 Josh 自己。

Josh 承襲他的父母，很少說什麼愛不愛的，對他的父母是，對我也是。做為他的妻子，印象所及，也不曾有過被熱情讚美的機會。他不習慣擁抱，如果你表現得太愛他的樣子，他會皺皺眉頭，要你別鬧了。可是 Josh 對 Kimi 是又親又抱，給他取各式各樣奇怪的暱稱，而且毫不客氣地稱讚自己的兒子好帥好可愛。有一回他自己開車去保母家載 Kimi，Kimi 躺在安全座椅一路哭回家，到家後他抱起 Kimi 看到滿臉的眼淚，自責得眼眶都紅了。

按摩的過程，我不被允許打擾他們父子，有時候按摩完了 Kimi 會因為情緒紓解而伏在爸爸的肩上放聲大哭，Josh 總會很有耐心地哄他、安撫他、拍拍他的背，那樣的 Josh 是放鬆的，他臉上的線條是柔軟的，他的聲音絕對是柔和而甜蜜的。

我不知道 Josh 有沒有意識到，他對 Kimi 的愛「已經被發現了」，而且無時無刻地顯露出來，不知道是他忘了要如以往地去加以掩飾，又或者是那座高聳的圍牆已經不知不覺倒落，我只知道，無論是哭泣的或是笑鬧的 Kimi，Josh 現在都可以面對了，儘管 Kimi 還不會說話，Josh 卻可以每天對著他滔滔不絕。

　　而愛，是會繁衍的，當你學會一種愛人的方式，自然地就可以衍生出十種、一百種，我知道，因為那天突然收到 Josh 代替 Kimi 送給我的一束花，說，謝謝媽媽這些日子的辛苦；同時愛也是會反饋的，當你努力去愛別人的同時，愛也不自覺地改變了自己，我知道，因為我看見 Josh 從學習愛 Kimi 的過程，也學會了怎麼愛自己。

作家，一個小男孩的媽媽

曾 維 瑜

嬰兒按摩讓世界更美好

二十年來嬰幼兒按摩吸引了歐美各國的專家學者與家長的注意，舉凡醫學界、學前教育界、職能治療學界以及幼兒保育相關團體等，均有深入之研究探討與推廣活動，台灣在這全球性的嬰兒按摩潮流下，亦有了嬰兒按摩的專業團體以及介紹嬰兒按摩之翻譯或相關書籍。

其實，嬰幼兒按摩並不是一項新發明的保育技術，更不是西方的產物。早在中國古籍《黃帝內經》當中，即有小兒推拿的記載。長一輩的婆婆媽媽亦不乏保存以麻油搓揉按摩新生兒習俗者，或說藉此法清除胎脂，或言如此則胎兒未來之毛髮必然烏黑，而皮膚則可白皙紅潤。年輕媳婦或半信半疑，或嗤之以鼻，認為沒有科學依據。幸而現代醫學證實了嬰兒按摩的好處，而坊間介紹嬰兒按摩之團體或書籍亦如雨後春筍般地欣欣向榮。但可惜的是，大多數雖鉅細靡遺地介紹或指導嬰兒按摩的指法與技巧，卻忽略了親子之間藉由嬰兒按摩所傳達的親密感和藉以培育之安全性依附感的重要。因此，拜讀完鄭宜珉老師的《寶寶按摩全書》後，內心雀躍不已，因為，在眾多嬰兒按摩書籍中，終於有一本是以幼兒和家長為中心的好書。

我所認識的鄭宜珉老師，是我欣賞與敬佩的一位嬰幼兒教育專家。欣賞的是她的天賦資能與多才多藝。她的情緒與精力永遠是活潑高昂，面對嬰幼兒與家長，能將故事或活動進行地引人入勝，將抽象、複雜的嬰幼兒保育知識以淺顯易懂的故事、音樂、繪畫、律動、舞蹈、體適能……等方式吸引嬰幼兒，上她課的小朋友是不會哭鬧

或睡覺的。

　　我敬佩宜珉老師的是她對嬰幼兒教育的投入與執著、不求名利、即知即行、執行力百分百。她推廣嬰幼兒按摩的熱忱與踏實的態度，相信接觸到嬰兒按摩的舊雨新知一定能立即感受到。

　　近幾年來，宜珉老師忙碌於嬰幼兒教育親子輔導工作，並在各大學將她多年來的實務經驗與大學生分享，工作之餘還帶領台灣嬰兒按摩領域的講師們推廣嬰兒按摩，到醫院、媽媽教室、坐月子中心，及各縣市婦幼館辦理免費的嬰兒按摩講習。期許的就是將親子之間漸被忽略的親密撫觸，藉由嬰兒按摩這項新興的古老傳統再被現代的父母所注意，享受親子之間甜蜜相處的幸福滋味。

　　本書奠基於鄭宜珉老師對嬰兒按摩與幼兒教育深厚的學識基礎及實務經驗。她以嚴謹的態度及自然輕鬆的筆觸，有條不紊地由嬰兒按摩的歷史源起、嬰兒按摩的因緣、按摩對嬰兒、家庭、社會與國家的好處、醫學理論根據、皮膚與撫觸的力量、嬰兒按摩對孕婦、產婦、新生兒、早產兒、特殊兒童、成人及長者的影響，而後進入實務的按摩前準備、按摩油知識、按摩指法、延伸活動、特殊狀況之按摩法，以及深入淺出之嬰兒按摩中心理論－親密感與依附感，全書後段更摘錄了宜珉老師這幾年來實務工作坊中困擾父母們的常見問題與詳細解答，以及父母親參加嬰兒按摩後的心得分享。讀完全書，不免讚嘆「真是一本好書」。就如同嬰兒按摩的信念「多按摩一個孩子，世界就多一分美好」，我們相信，孩子們將因大人的關心與愛護更加茁壯成長。

明新科技大學幼保系助理教授

黃品欣

嬰兒按摩好處多多

多年前當我還是小兒科住院醫師時，便初次接觸到嬰幼兒按摩。當時在台大醫院新生兒科醫療團隊，正在著手進行撫觸刺激對早產兒之影響的研究。每每看到護理人員在昏暗燈光和安靜的房間中，將雙手塗上按摩油，伸進保溫箱中，幫那些早產兒進行按摩時，沒有多想，只是看著那些小小寶寶好像很享受的樣子，應該是相當舒服吧！後來，有機會涉獵嬰幼兒按摩的醫學文獻，才有更多的認識。

目前研究顯示，撫觸或按摩可以增加家長與孩子之間正向的互動。對於親子之間的親密感（bonding）和依附感（attachment）的建立，以及孩子的感覺統合也有相當的助益。在美國邁阿密大學的蒂芬妮·費爾德博士（Dr. Tiffany Field）進行了不少相關性的按摩研究。在其早產兒的研究結果顯示，有接受撫觸刺激或按摩的一組，體重增加情形較好，生命徵象也較為穩定，且有較好的心智發展。而在美國一位知名小兒科醫師，貝利·伯塞頓醫師（Dr. T. Berry Brazelton）發展了一套評估新生兒行為活動的量表，他用這量表來評估新生兒發展的行為技能，並闡明正向的親子互動如何能促進新生兒發展這些技能。他寫了幾本有關觸覺和撫觸應用相關的書籍。其他，另有研究證明撫觸刺激不只對早產兒有益處，對於患有氣喘的孩子也能改善其肺功能，減少孩子的焦慮荷爾蒙（stress hormone）如：腎上腺皮質內泌素、正腎上腺素等，增強其免疫系統；對患有憂鬱症的母親也有助益。

去年四月，我有幸接觸嬰幼兒按摩的講師課程，能更深刻地瞭解「觸覺」在人的發育和發展過程上所佔的重要性，以及嬰幼兒按摩對孩子、父母，甚至整個社會可能造成的美好影響。在這本書中，作者很完整地說明嬰幼兒按摩的歷史及其內容，它的諸多好處，以及一些相關的研究。再者，其中也闡述嬰幼兒按摩的手法，如何幫較大孩童作按摩，以及解答家長們在幫孩子按摩時，可能遇到的一些問題。經由這本書很全面性且有系統的介紹，相信對於想要幫自己孩子做嬰幼兒按摩的父母們，必定有很好的幫助。期望在不久的將來，嬰幼兒按摩能在台灣成為一項全民運動，家長們也能從嬰幼兒按摩中跟自己的孩子有正向的互動，並享受這美好的親子活動。

康寧醫院小兒科醫師

翁少萍

I Touch, Therefore I Am

　　我常常覺得生命是一場存在意義的追尋，芸芸眾生反覆地在生命的過程當中，試圖用各種方式證明自己曾經存在過，還好，只要你不是獨自漂流到無人島的魯賓遜，你就有無數的方法，足以證明自己的存在，因為，存在往往就在和身邊重要的人一來一往的互動當中被真實的感受。

　　對於剛剛出生的寶寶來說，最重要的存在莫過於自己用眼、耳、口、鼻、膚…等感官，所感覺的這個世界，當小寶寶看到、聽到、嚐到、聞到和摸到親愛家人的一切時，他們才能清楚知道自己是存在於這個世界上的一個被珍愛的小生命，而這樣的存在，對這個家庭來說，意義遠比任何偉大歷史人物的存在來得更貼近生命的核心。而觸覺扮演了這個存在最關鍵的角色，我們可以想像，在視訊科技發展日新月異的現代社會當中，我們幾乎可以在第一時間就參與世界上任何一個新生命的誕生，但是，卻永遠不能取代把這個小生命擁抱入懷那種肌膚相觸的溫度。

　　對我來說，2個寶貝兒子的誕生，就彷彿再一次重溫自己嬰兒時期那種存在的確認感，懷胎九月的過程中，他們的每一點動靜都牽動著我敏銳的觸覺神經，直到終於見面的那一秒，我想我一生都忘不了當我伸出手，將他們擁入懷中，親吻他們的那種真實感和滿足感，我的生命因為有了他們而昇華，而更完整，直覺的驅使讓我無時無刻想和他們膩在一起，想觸摸他們柔軟溫暖的小小身體，那種確認

彼此存在的真切感受，是沒有任何科技能複製的產物。

　　懷著這樣的感動我開始了和兒子們之間的親密之旅，按摩一直是我們之間的私密悄悄話時光，從交換呢喃兒語的嬰兒時期開始，到現在哥哥已經是個準備昂揚高飛的青少年，而弟弟也是個活潑的小男孩了，而按摩讓我在學習逐漸放手之際，還是保有最深刻的親密感。

　　2004 年，我決定將這樣的感動與這塊摯愛的台灣土地上的家庭一起分享，於是開辦了全台灣地區第一場的嬰幼兒按摩合格講師培訓營，這也成就了我生命中奇蹟似的又一次存在感，因為開始推廣這個以人性最原始價值為核心的觀念後，我見證了無數家庭中的真愛，當我看見一個媽媽或是爸爸在為自己的寶寶按摩時，我看到的不僅僅是一個單純的畫面，而是這些生命之間彼此交織的存在和感動，這無數的見證又再一次啟動了我對家人那種千絲萬縷的情愫和牽掛，藉由嬰兒按摩的機緣，也讓我和家人有機會和許許多多家庭，產生密不可分的連結和互動。

　　這一本書的出版，是以更具體的文字形式，呈現出許許多多生命的存在，我想呈現的，也是嬰兒按摩最核心的價值一「尊重」。嬰幼兒表現出來的是一種最脆弱也最堅強的生命形式，當我們每一個人都能對他們表現出最大的尊重時，我們也將更能對身邊所有的人，所有的事物，所有的自然和生態都表現出應有的尊重。最後，要感謝所有在生命中幫助我，讓我清楚感受到自己存在的所有家人、朋友、所有帶給我啟發的人，因為有你們，我的存在變得格外有意義。

鄭宜珉

Contents

\Chapter 3 /
家有愛的天使

\Chapter 4 /
愛的分享

\附錄 /
【人初千日】覺醒 1st 1000 days awareness

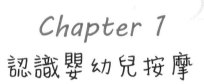

Chapter 1
認識嬰幼兒按摩

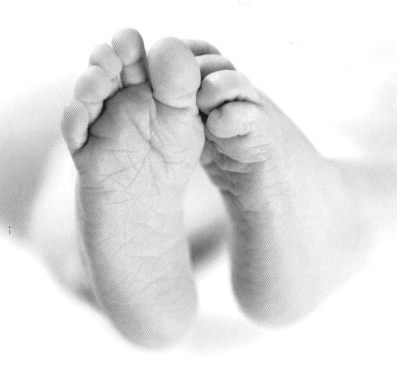

☺ 嬰幼兒按摩的源起與好處 ☺

如果我是妳的寶寶，請撫摸我。
我需要妳的撫觸，以妳前所未知的方式。
別只是幫我洗澡、換尿布、餵我吃奶。
而要親近的搖著我，吻我的臉頰並輕撫我的身軀。
妳那滑順、輕柔的撫觸，訴說著安全與愛。

作者 佚名
翻譯 鄭宜珉

　　潔西卡媽媽耳邊聽著講師緩緩念著這首作者佚名的詩句，眼睛充滿愛意的看著寶寶，鼻子嗅著她身上特有的乳香，雙手輕輕將她放下，準備和潔西卡爸爸及其他 6 個新生兒家庭一起開始享受今天的嬰幼兒按摩親子團體課程。這是發生在瑞典斯德哥爾摩，一個夏日午後小教室一隅的溫馨畫面，也是歐美國家十分興盛普遍的新生兒家庭成長課程，目前也已經開始在台灣的家庭逐漸發酵流行，越來越多台灣家庭也開始為寶寶參與了這愛的第一課。

　　嬰幼兒按摩在近 20 年來，吸引了許許多多醫學界、幼兒教育界、職能治療學界以及父母親的注意力，許多人不禁好奇，嬰幼兒按摩究竟從何而來？究竟有何魔力？可以佔據 21 世紀百家爭鳴的嬰幼兒教養版圖。其實，嬰幼兒按摩並不是一項從天而降的新時代流行產物。

☆ 按摩，從有愛開始

　　時序拉回到西元紀年前的古文明時代——印度地區，我們幾乎可以摹想一位新手媽媽，躺在族人特別為她準備的茅屋內，從孩子生下來的第一秒鐘開始，就本能地用手輕輕撫摸寶貝的身體，眼神充滿愛憐的看著剛落地的孩子。接下來的每一天，就在這茅草屋中，每天用椰子油為寶寶按摩，從這個時刻起，這兩個剛剛相遇的親密新朋友，逐漸認識彼此身體的脈動，並且建立起一生一世相連結的親密感和依附感。

　　這個場景並不僅只發生在印度，幾乎所有的古文化都有運用當地生產的油脂為新生兒按摩的傳統。除了印度之外，在埃及和古希臘的許多繪畫資料中，都可以看到嬰幼兒按摩的圖像，在中國春秋戰國時代，古籍《黃帝內經》當中也有對於嬰幼兒按摩的詳盡記載，台灣早期，也有以黑麻油為新生兒去胎脂的習慣，其實這也是嬰幼兒按摩的一種形式。

☆ 忙碌，使人忘了擁抱的感覺

　　然而，這一項原本普遍存於各大古文明的教養藝術，卻在時間洪流的衝擊下，逐漸被淡忘，最主要的原因，來自於工業革命之後，人類經濟條件的改變。工業革命之前，人類經濟條件有限，父母親反而有較多時間和寶寶相處，及更多肢體接觸的機會，尤其在揹巾發明之後，父母親可以兼顧經濟需求和育兒的需要，同時也滿足了寶寶被擁抱的需求。

　　但自從工業革命之後，人類生活方式發生了巨大的變化，財富的累積變得容易，經濟生活物質條件也變得便利。父母親在財力上開始能提供寶寶一間獨立的房間，或是至少一張獨立的小床，出門時，也開始使用省力的推車，這一些新設備的產生，看似增加了親子生活中物質面的舒適，但是實質上，卻是疏遠了親子之間的距離，使得寶寶和父母親或是主要照顧者之間的肢體接觸減少了，這種教養方式的改變，也逐漸使人們遺忘了許多人類先祖所流傳下來自然而美好的育兒教養方式，也遺忘了一些本能，當然也包含了嬰幼兒按摩這一項古老的藝術。

來自先人智慧的撫觸療法

　　目前，嬰幼兒按摩仍為許多開發中國家的家庭所實行，是一項母傳女的必備教養方式，這些國家包含了印度、巴里島、菲律賓、南美洲、愛斯基摩、尼泊爾、北斯堪地那半島……等。換言之，在過去，嬰幼兒按摩是一項人類古老智慧累積的產物，也可說是當時所盛行的撫觸療法。

☆ 嬰幼兒按摩的發揚光大

近年來，因為科學研究的發展，影響越來越多人對於 0-3 歲階段，又稱為【人初千日】階段的重視，不管是一般家庭，專業機構，或是學術領域，都開始研究起「撫觸」這一個源自於哺乳類先祖的本能行為，嬰幼兒按摩也重新獲得人類的重視。全球各國紛紛產生了各種以推廣嬰幼兒撫觸為目標的機構與組織，大致上在推廣的內涵方面，特別在按摩的手法上，可以約略分成以解剖學為基礎的按摩手法，和以經絡學為基礎的按摩手法。前者以西方國家為主，而後者擁有濃厚的東方文化色彩。

☆ 盛行於西方的按摩特色

按摩由於是施作於皮膚上的，皮膚下又有各種肌肉、骨骼、和結締組織⋯等，在按摩的手法上，也會有大量的解剖學色彩在裡面，像是在胸部、腹部、背部這一些大面積的身體部位，按摩的手法多數採用所謂的 "長撫摩（stroking）" 的按摩方式，也就是使用手掌的大面積，覆蓋寶寶的大範圍肢體，讓寶寶同時能夠感受成人整個手的包覆與溫度，使用穩定而和緩的方式，用撫觸式的力道在皮膚上撫摩，但是，對於部分的肌肉群，也會使用指腹的部位，以 "畫圈圈旋推（circles）" 的方法，舒緩肌肉的緊繃，提供寶寶放鬆的感受。而針對腿部、手臂這一些形狀長而延伸的身體部位，則是會依照肌肉束的方向，分別進行平行於肌肉束的按摩，與垂直於肌肉式的按摩，同時分別提供向心方向，

與離心方向的按摩，達到放鬆和舒緩的平衡。至於對於頭面部，因為面積小，肌肉束的方向比較錯綜複雜，所以多數都是使用小範圍的指腹方式進行按摩。

☆ 盛行於東方的按摩特色

在東方文明當中，按摩不單單是人類共同的資產，更是被文字清楚記載在書籍當中的文化遺產，古籍《黃帝內經》是一本歷史悠久的醫書，記載了古中國文明看待人體和健康的哲學，在古中國，一向把人體視為一個小宇宙，不但有自己規律運行的法則，更伴隨著外在的宇宙運行不息。對於人的五臟六腑：脾、肝、心、肺、腎、大腸、小腸、膽、胃、膀胱、三焦…等等，都對應一套身體的系統，而不是只是單一的臟器，因此，在身體的不同部位，也有這些五臟六腑的表徵位置，以經絡和穴位來表現。因為這些古老文明智慧的記載，是記載在一本醫學書籍上的，所以多數的現代人，對於東方的按摩的認識與理解，很容易傾向認為所有的按摩都是針對 "特定狀況" 而設計的，例如：感冒的按摩，發燒的按摩，咳嗽的按摩，便祕的按摩…等等，雖然這一些按摩確實對於各種不適症狀的舒緩很有幫助，但是，也不表示在一切健康正常的狀況之下，不需要進行這一些按摩，中醫一向被視為擁有預防醫學的精神，按摩身為中醫四法（砭針灸藥）之首，也對促進人體的整體性健康非常有幫助。東方的按摩，比較會針對特定位置，進行相對深入的刺激，在應用於嬰幼兒身上時，特別著重

頭面部，還有雙手的按摩，故有「小兒百脈，匯於雙掌」的說法。

☆ 按摩是人類的資產

　　嬰幼兒按摩是一種源自於哺乳類本能所發展出的人類共同資產，我們喜見全球人類開始重視這一項親子溝通的藝術，也希望用最大的尊重面對所有文化傳承下的正面滋養撫觸。

增進親子關係的各種按摩技法

1. 印度式按摩 Indian Massage

是一種來自古印度文化中所流傳的按摩手法，也是印度母親代代相傳，從寶寶一出生，就自然為寶寶按摩的手法，此種按摩手法主要是在方向上採取離心式的手法，也就是按摩時是由心臟向四肢的方向進行，主要的目的，在於協助身體放鬆，多數的成人按摩所運用的也是相同的方向，藉以舒緩成人繁忙工作所累積下來的壓力，一般以「輕緩」為特色。

2. 瑞典式按摩 Swedish Massage

是一種較為現代的按摩法，西方的按摩多數屬於此類型。這種按摩其實是由一位瑞典人 Per Hernik Ling 的人命名而來，他曾經造訪中國，習得推拿按摩，再加以改良，稱為瑞典式按摩。由於瑞典式按摩是屬於一種肌肉式(muscular massage)的深度按摩，和嬰幼兒按摩所運用的觸覺式按摩(tactile massage)並不相同。

一般在嬰兒按摩運用的僅僅是瑞典式按摩中的方向，也就是向心式的按摩，由四肢向心臟的方向進行按摩，主要的功能，在於提升身體的能量及促進身體的血液循環功能。特別值得一提的是，這種揚名國際的瑞典式按摩，甚至成為西方按摩的重要基礎，但對於瑞典人而言卻是相當陌生的，大多數瑞典人並不知道何謂瑞典式按摩？主要是在瑞典所使用的名詞並不是瑞典式按摩，而是古典式按摩所致。

3. 反射法 Reflexology

可泛稱所有腳底的按摩手法，但仍然屬觸覺式的按摩。由於腳底密布著許多的觸覺接收器，針對腳底的撫觸刺激，可以傳遞許許多多重要的訊息給大腦，藉以促進大腦神經的發展。

4. 小兒經絡 Baby Meridian

嬰幼兒的身體和成人一樣，都遍佈了各式各樣的經絡，如果以一個還在匍匐爬行、頭面向天的嬰幼兒來說明，陽光能照射的到的肢體部位，就是「陽」經絡的分佈位置，相對的，陽光照射不到的肢體部位，就是「陰」經絡的分佈位置，陰陽經絡走向各異，全身性的按摩能讓嬰幼兒的陰陽系統調和，促進整體健康，坐落在這些經絡上還有許許多多的特定穴位，更是進行按摩的時候，可以額外加強的部位。

5. 瑜珈 Yoga

瑜珈和按摩，可謂嬰兒大腦的兩塊拼圖，按摩提供的觸覺(tactile)輸入和瑜珈提供的動能覺(kinestic)輸入，能給予寶寶發展中的大腦頂葉皮質區非常充分的資訊輸入。此種按摩手法，最主要的功能在於加強寶寶關節的彈性和柔軟度，並且促進左右半腦的交流溝通，為寶寶學習翻身和爬行做好身體的準備工作。

☆ 按摩能提高早產兒的生存率

全球許多嬰兒按摩推廣者努力和付出，逐漸受到廣泛的注意和重視，越來越多科學單位隨之以機構的方式，投入經費進行研究，最廣為人知的機構當屬美國佛羅里達州邁阿密大學（University of Miami）醫學中心所屬的觸學研究中心（Touch Research Institute），主持人蒂芬妮費爾德博士（Dr. Tiffinay Field）便進行了多項科學研究計畫，並結合了其他多所知名大學進行相關觸覺研究。

其中最受注目的一項研究就屬早產兒的的研究計畫。費爾德博士將早產兒隨機分成實驗組和對照組。一組施以嬰幼兒按摩，而另外一組則施以一般性的新生兒照料。實驗結果發現，接受嬰幼兒按摩的新生兒組，在進食量沒有明顯增加的情形之下，體重增加的情形卻比對照組的新生兒每天增加了 8 公克（47%）。可見嬰幼兒按摩提升了他們的營養吸收率，清醒的時間也較長。同時，他們出院的時間也比另外一組的新生兒平均提早了 6 天，節省了可觀的醫療成本。

蒂芬妮費爾德博士也曾在她重要的著作《撫觸（Touch）》一書中的「嬰幼兒按摩」專章內，提到薇蔓拉馬可蘿女士等人對嬰幼兒按

摩發展的貢獻。除了觸學研究中心之外，英國的夏綠蒂皇后醫院（Queen Charlotte's Hospital）也曾進行過許多和嬰幼兒按摩相關的研究，其中包含嬰幼兒按摩和產後憂鬱症之間的關係，以及若由專業觸覺治療人士進行嬰幼兒按摩，與由父母親進行嬰幼兒按摩之間的差異等研究，將在後續的章節當中進行探討。

這些成功的科學性研究，更吸引了許多人投入相關研究，包含醫學界、教育界、兒童發展界、職能治療界、產業界人才和資源的陸續加入，使得嬰幼兒按摩開始受到世人廣大注目眼光。尤其近代幾項科學研究的推動可說是功不可沒。

如美國密西根州底特律市的兒童醫院便運用了 MRI 和 PET 等腦部造影技術，發現嬰幼兒的腦部在與他人進行密切的互動時，主管情緒的邊緣系統中的杏仁體，會因為豐富的反應和刺激而有明顯的活動。同時間也發現嬰幼兒的親密感和依附感的發展，和嬰幼兒生理上的成長發育有密切的關係。

上述的研究，都直接或間接的證實為什麼接受嬰幼兒按摩的寶寶，成長發展的情形遠比其他寶寶來得好的原因。

☺ 嬰幼兒按摩好處多多 ☺

　　嬰幼兒按摩是一項會對整個家庭、社會產生深層改變的活動，主要的好處可以分為四個面向，每一個面向之間又有重疊難分之處。這四個主要的好處就是：刺激（stimulation）、放鬆（relaxation）、舒緩（relief）、和互動（interaction）四方面。

一、刺激：

　　嬰幼兒按摩藉由接觸，刺激寶寶全身最大也是最重要的一個器官——皮膚，在這種重要的接觸當中，全身所有重要的系統都同時獲得了刺激，其中包含了：

名稱	說明
循環系統	因為按摩的刺激而更加活化。
消化系統	皮膚的接觸，使得身體釋放胃泌素（gastrointestinal hormone），強化營養的消化吸收。
呼吸系統	藉由按摩能使得肺臟末端的小濾泡開展，增強呼吸系統功能，特別對於剖腹產的寶寶有利，能補強生產時未經產道擠壓按摩的過程。

排泄系統	按摩對於許多有腹脹氣、腸絞痛、便祕或腹瀉…等腹部困擾的寶寶，有助於排泄系統的順暢。
免疫系統	撫觸皮膚會使身體釋放 Oxytocin（奧西特辛荷爾蒙 — 催產激素），這種荷爾蒙有助於身體的放鬆和交感神經與副交感神經的平衡。增進身體的免疫功能，同時刺激許多身體淋巴點的按摩手法，也有助於免疫系統的發展。此外，由於按摩時，父母親和寶寶會因近距離的接觸，自然地交換少量的微菌，反而有助於寶寶的免疫系統發展。
神經系統（尤其是大腦神經系統）	皮膚和神經系統在胚胎時期，發展自同一個胚胎細胞層，因此不難想像皮膚刺激對於神經系統的影響。另外，在大腦神經元之間的突觸連結上，需要有一層脂肪狀的物質稱做「髓鞘質」，才能幫助訊息快速連結，對寶寶進行按摩，有助於這個髓鞘化過程的進行。
皮膚系統	保護皮膚的方法不僅在於防止皮膚過度暴露於危險物質之下，適度的撫觸也是保護皮膚的重要方式。按摩正提供了這樣的需求，且更有助於新陳代謝的運作。
感覺統合系統	感覺統合發展的第一個階段當中，觸覺居於十分重要的地位。豐富的早期撫觸經驗，可以奠定嬰幼兒感覺統合發展的基礎。
語言系統	嬰幼兒按摩有助於增加寶寶的身體自覺（body awareness），這樣的經驗對於語言發展很有助益，尤其是在按摩時，按摩者明確說明所按摩位置的名稱，也有助於寶寶運用另一個感官——「皮膚」來進行學習，特別針對多重障礙的寶寶，像是視覺障礙或聽覺障礙的嬰幼兒，這樣的學習方式是不可或缺的。

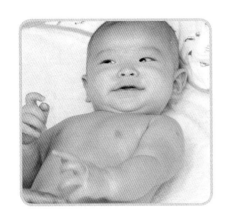

除此之外，更有許多其他刺激方面的好處。這些豐富且正面的刺激，不但能增強生理的健康，更能增加心理的健康和社會的健康。

二、放鬆：

嬰幼兒按摩有助於放鬆按摩者和被按摩者雙方面的壓力，嬰幼兒並非如一般人所想像，完全沒有壓力的感受。相反的，他們的生活每一天都充滿了壓力，從出生那一刻開始，嬰幼兒就必須學習適應子宮內、外截然不同的環境，在子宮內，胎兒所感受的是溫暖、潮濕且昏暗的緊密包覆感，在昏暗的光線之下，能安靜地聆聽母體的心跳聲，並吸收來自母體的充分營養。

但是，自從出生之後，環境突然變得寬廣開闊，這也正意味著許多的不安全感。用來包裹嬰幼兒的毛巾衣物，在材質的選擇上雖已經是最輕柔舒適的，但是相較於子宮內的感覺，還是顯得相當粗糙不舒服。同時，寶寶還必須忍受強烈的日光燈照射、嘈雜的聲音，感受遠低於子宮內的溫度，這些改變，都在出生後開始累積寶寶的壓力。

隨著寶寶逐漸成長，壓力的來源也更加多樣化，如嘗試告訴

媽媽尿布濕了，媽媽卻開始餵奶；一整天試著往前爬，卻只能向後退；努力的學翻身，但是卻都不成功。家庭聚會時，許多親朋好友善意的擁抱，對寶寶而言，都可能形成陌生的恐懼壓力。這些種種壓力都會造成寶寶情緒的負擔，所以更需要適時的放鬆。

事實上，壓力和放鬆必須形成一種相互平衡的狀態，適度的壓力有助於學習的效率。在壓力的環境之下，體內的交感神經（Sympathetic nerve system）開始作用，並分泌腎上腺素，讓大腦的血液循環加速、心跳加快及血壓上升。新聞報導常有老婦人在緊急的火災現場中，能獨立扛起沉重保險箱的案例，就是相對應的結果。但是腎上腺素也會使得消化系統當中的血液量下降，免疫功能減緩，以保持身體資源的有效運用，好應付壓力狀況。

此種壓力狀況如果過度持續，身體就會產生失衡的情形。造成免疫力下降，而為寶寶進行按摩，則是一種有效且直接教導寶寶放鬆的方式，藉由按摩，身體會釋放出奧西特辛荷爾蒙，副交感神經（Parasympathetic nerve system）也開始作用，心跳速率減緩、血壓下降、免疫功能

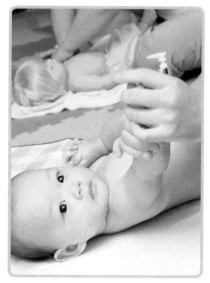

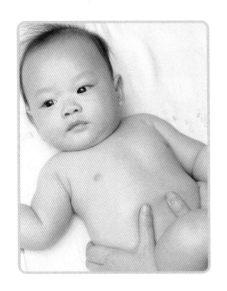

提升、消化道血液增加,及表現出較為正面的情緒。這種藉由學習而來的放鬆經驗,對於嬰幼兒未來長久的人生,將會產生決定性的影響,尤其在情緒和壓力管理方面的表現最為明顯。交感神經和副交感神經系統就好比古中國文明強調的「陰陽」系統,兩相調和,才能成就健康身心。

三、舒緩:

嬰幼兒按摩對於成長痛(growing pain)的舒緩作用十分明顯,一般人或許還記得青少年時期,由於身體成長的速率很快,而容易發生成長痛的狀況,然而,在嬰幼兒時期,成長的速率比起青少年時期,更是有過之而無不及。由於寶寶的口語溝通能力發展還未臻成熟,使得嬰幼兒時期的成長痛,較容易被忽略,嬰幼兒按摩具有紓緩嬰幼兒成長痛的功能,同時也可以舒緩寶寶腸絞痛(colic)、便祕和消化方面的問題,進而使寶寶的睡眠品質得以提升。此外,寶寶在長牙時,也容易有不舒服的痛楚現象,臉部按摩也有助於舒緩長牙時的不舒服。

按摩對於痛的舒緩作用具有科學性的原因,主要是因為

皮膚是一個感覺器官，經由皮膚所接受的感覺包含了觸覺、溫度、壓力和痛覺……等，這些感覺必須透過神經傳送電脈衝（electronic impulses）到達大腦之後，才能產生這些感覺，而決定如何採取下一個步驟的反應，以保護身體。我們的大腦在面對這些電脈衝訊息時，會遵守一個「守門原則」（gate control principle），以控制大腦一次處理訊息的量，避免大腦過度作用。

換言之，若一次給予皮膚足量的觸覺、溫度和壓力的刺激，痛覺的訊息就會在「守門原則」的控制下，難以全數進入大腦之中，使得痛覺的感受變得較不明顯。常見的例子，可由新生兒被單獨放置在嬰兒床上接受疫苗注射時，觀察到寶寶哭泣和表現痛楚表情的時間，都遠比由父母親抱在懷中接受注射的時間來得長。這是由於被擁抱的新生兒由皮膚獲得了足夠的觸覺、溫度和壓力刺激，使得痛覺的訊息較不明顯。同樣的，在接受按摩的情境當中，嬰幼兒也獲得大量的觸覺、溫度和壓力的刺激，因此對於痛感有一定程度的舒緩作用。除了一般的皮膚按摩之外，根據中國古醫書《黃帝內經》，身上許多特定穴點，更可以有效紓緩各種小兒不適。

四、互動：

嬰幼兒按摩雖然具有說不完的好處，但是最值得強調的好處還是在親子的互動上，嬰幼兒按摩能有效地促進親子，或是主要照顧者和寶寶之間的親密感和依附感。兒童發展學家們把寶寶描述成具有與生俱來，準備好進行發展的藍圖，他們從出生開始，就會主動尋求和主要照顧者之間的互動經驗，從主要照顧者的反應去學習，並且型塑出自我的概念，這樣的互動關係就像是一面鏡子，讓嬰幼兒認識自己是誰？學習對於環境的感受和解釋，並展現人際間應有的互動方式。

嬰幼兒的學習必須包含豐富的感官經驗互動，在按摩的過程當中，寶寶可以和爸爸媽媽產生眼神接觸的視覺互動。進行按摩時，父母親會直覺地拉近和寶寶之間的距離，因此眼神的接觸就顯得相當重要。另外，寶寶和爸爸媽媽也會在按摩時聞到彼此的味道，產生嗅覺方面的互動，要知道，每個人所散發出的氣味都與指紋一樣是獨一無二的，這種稱做「費洛蒙」的氣味交換，對

Tips

新生兒的視力必須在 20 公分以內的物品圖像才能看得清楚，同時，寶寶天生就被設計成喜歡看黑白分明的牛眼狀物品（這可能可以用來解釋懷孕後母親乳頭的顏色之所以變深的原因，以便藉此吸引寶寶更多的注意力來吸吮乳汁）。

於親子之間的親密感建立，可是居有舉足輕重的地位。

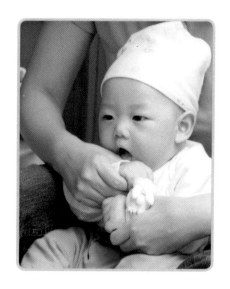

按摩時，有時候爸爸媽媽也會輕聲吟唱搖籃曲，或是跟寶寶說話。幾乎所有的人在跟寶寶說話時，都會使用一種，不同於平時和其他人說話的方式，這種說話的方式，稱為親式語（parentese），親式語的特徵，在於用較高昂的語調、較慢的速度、特別強調各個音節，並且運用很多自問自答的對話模式。

研究發現，嬰幼兒似乎天生特別喜歡這種說話方式，這種說話方式也是兒童學習語言一問一答的最佳模式，這種聽覺的互動在嬰幼兒按摩的情境當中十分普遍。

此外，在父母親和嬰幼兒互動的情境當中，常常見到的場景，是嬰幼兒將爸媽的手放入自己的嘴巴內，或是將自己的手伸向爸爸媽媽的嘴巴。因為口腔內密布著豐富的觸覺接受器，是寶寶用來了解外在世界最早的器官之一。按摩時，親子間會有密切的味覺互動，對於哺餵母乳的媽媽來說，嬰幼兒按摩能促進乳汁分泌，增加哺乳的成功經驗。而母乳和配方奶不同的是，母乳味道會因為媽

媽每天所食用的食物不同而有差異，除了營養均衡之外，也提供寶寶較為豐富的味覺刺激，是一種真正贏在起跑點的方式，至於觸覺互動則無庸置疑的是嬰幼兒按摩當中必然呈現的美好經驗。

☆ 按摩也是絕佳的認知學習活動

從嬰幼兒認知學習的角度看來，嬰幼兒按摩是一項絕佳的認知學習活動，根據皮亞傑（Piaget）的認知階段理論，0 ～ 2 歲孩子的認知處於感覺動作期（sensorimotor stage），這個時期的嬰幼兒需要靠運用各項感官，像是眼、耳、口、鼻、皮膚……等，去和周遭環境進行直接的互動，藉此來解決自己所面臨的感覺動作問題，以建立起一項項認知必備的基碼（schema）。

例如：一個三個月大的寶寶可能在無意間，聽到媽媽將嬰兒床上的音樂吊飾發出聲響，他便學習到這個小東西，是可以發出有趣的聲音的，為了再次聽到這項新鮮的感官刺激，寶寶會以嘗試錯誤的方式，不斷運用自己的大肌肉動作和音樂吊飾互動，逐漸地，他會建立起操作這項動作的能力，當成功的機率越來越大，

他也學會了這一項肢體能力。

在按摩的情境當中，媽媽（或是其他主要照顧者）把手輕輕的放置在寶寶的肚子上，輕聲的叫喚著寶寶的名字，告訴寶寶，「這是你的肚子，我現在要幫你按摩小肚子了喔」。在這個過程當中，寶寶聽到肚子兩個字，看到媽媽的口型，加上觸覺感覺到媽媽的雙手，無形中就增加了對身體的認知概念，或者稱為身體自覺（body awareness），這樣的學習，能幫助寶寶對自己的身體有更多的掌握度。

☆ 有助情緒發展的基礎信任

按摩對於嬰幼兒的情緒發展更能發揮決定性的優勢，在嬰幼兒的各項發展，包括肢體、語言、認知和情緒社會發展中，情緒社會發展可說是最重要的一項，當寶寶的情緒社會發展產生障礙時，所有其他的發展項目都會產生問題。在艾瑞克森（Erickson）的社會心理理論當中指出，從出生到 1 歲，是嬰幼兒發展基礎信任的關鍵時期，在這個時期，如果寶寶的需求都能夠適時獲得回應和滿足，就會對於自己所來到的這個世界產生基礎的信任，相信自己是被愛的、被接受的。反之，如果在

此時期受到冷落忽略，或者沒有獲得應有的回應，就會產生不信任感，將會深刻的影響嬰幼兒未來一輩子的人際關係和自我認同。

研究大腦的各項新型醫學設備，像是 PET、MRI 等越來越進步後，科學家從大腦的斷層掃描中發現，在大腦的前額葉，有個小小的區域稱做「杏仁體」，嬰幼兒在 0～3 個月左右，杏仁體的活動特別密集。科學家也同時發現，杏仁體所掌管的就是情緒的發展，而情緒的發展，則需要寶寶和主要照顧者產生親密且正向的互動。

由此可見，在生命早期，給予寶寶良好的情緒發展環境和刺激十分重要，這可能也是造物者最巧奪天工的設計，因為在人類發展史上，父母親和寶寶的親密互動，能增加嬰幼兒的存活率，而且越年幼，對這樣的互動倚賴越深。因此，嬰幼兒可說是天生就被「設定」成早期就具有情緒發展能力的物種。在為寶寶按摩的過程中，藉由親子之間各種感官的接觸，使得寶寶能獲得希望父母親回應的需求，且適時地得到滿足，當然情緒發展也能朝向更正面的方向前進。

☆ 幫助媽媽產後迅速恢復

嬰幼兒按摩不止對於寶寶有上述所有的好處，獲益者還包含了整個家庭及全體社會。為寶寶按摩的父母親，情緒方面容易放鬆、血壓穩定與心跳緩和，對於寶寶的狀況掌握比較明確，因此擁有較高的為人父母自信心，和寶寶之間培養良好的親子溝通、

親密感和依附感，同理心和容忍度也會增加，並且較懂得尊重孩子。同時，對產後婦女也能刺激泌乳激素，使哺餵母乳的媽媽泌乳量上升，更能加強子宮收縮，減輕痛楚感，並且減緩產後憂鬱症的症狀。

英國夏綠蒂皇后醫院的研究人員曾經進行一項研究，將患有產後憂鬱症的患者隨機分為實驗組和對照組，除了定時的藥物治療之外，對照組的母親被安排參加一般的支持性團體課程，而實驗組的母親則是參加嬰幼兒按摩課程。結果發現，實驗組的母親不但在產後憂鬱症的症狀上有所減輕，在接受觀察過程當中和寶寶的互動模式也大幅改善，促使母親身心恢復健康。

此外，根據人類學者研究，一個文化當中的教養方式會決定整個民族的「民族性」，缺乏肢體接觸的文化會傾向於好戰、攻擊性強，反之一個強調肢體接觸、擁抱和按摩的文化所培育的下一代是積極、樂觀而愛好和平的。可想而知，我們現在對待下一代的方式，未來他們就會如法炮製地對待他人及他們的下一代。

人際互動關係是學習而來的，正面的觸覺經驗，對於下一代建立親密的人際關係相當重要。想擁有一個和平和諧的未來社會，而不是一個充滿罪惡和暴力的末日世界，今日的投資是相當必要的，而為寶寶按摩這種投資卻是父母親所從事的投資中，最簡單，但卻最為有效的一種。然而，也正因為它的廉價和簡單，很容易就受到忽略和遺忘。諾貝爾和平獎得主泰瑞莎修女，在瑞典斯德哥爾摩領取獎項時，曾經感慨的說：「我在西方世界看見的貧困，

遠比開發中國家來的嚴重的多，這種貧窮是一種愛和信心的貧困。」在台灣的各方面發展都不斷突飛猛進之際，希望在愛與信心的財富累積上，也一樣與時精進。

嬰幼兒按摩的好處

社會心理上的好處

- 嬰幼兒有安全感
- 感覺被愛（生命第一年所建立之親密感──bonding，對嬰幼兒一生是必要的）
- 有歸屬感
- 增強自信心
- 加強人際關係
- 對生理上或情感上的壓力之容忍度增加
- 減低攻擊性
- 減低憂鬱情緒
- 增加同情心及同理心
- 提高自尊
- 加強親子溝通
- 自然引導嬰幼兒學習何謂正常的撫觸
- 具早期父親接觸經驗的孩子，未來學習成就表現較好

生理上的好處

- 增加正向刺激，提升神經發展
- 使感覺統合良好（按摩過程中包含觸覺在內的所有感官都受到刺激），同時因為鼓勵多抱孩子，也因此刺激了嬰幼兒的平衡覺和本體覺
- 睡眠品質較佳（睡得較深，較穩，較容易入睡）
- 使成長情形良好（撫觸會啟動成長荷爾蒙的分泌）
- 使肌肉放鬆，肌肉狀態及發展良好
- 釋放緊繃張力
- 使血壓穩定
- 增進營養吸收
- 促進血液循環（特別是腦部邊緣體及海馬迴體等區域之循環）
- 強化免疫系統
- 健全骨骼發展
- 加速腦部連接細胞元之突觸（腦髓鞘質）增生，健全腦部發展（使孩子更聰明）

愛的支點——皮膚與撫觸的力量

死生契闊，與子成說，執子之手，與子偕老

〈擊鼓　詩經·邶風〉

當寶寶大哭不止時，我們會本能的輕拍安撫，或者抱著他四處走動；當蹣跚學步的小小孩兒摔倒了，我們會將他扶起，愛憐地看著摔疼的部位，鼓勵他繼續嘗試努力；當孩子從學校回來，哭訴他今天有多麼沮喪時，我們會親親他的小臉，讓他再次確定他是被愛的；當孩子進入青春的叛逆期，因為細故與父母發生口角，只要我們輕拍他的肩膀，便可以輕易的化解親子之間的不愉快。

同樣的情境也發生在朋友之間，當好朋友沮喪、悲傷，需要獲得慰藉之際，如果我們能夠伸出手，扶持一把，往往能夠提供驚人的安撫力量。在台灣傳統文化當中，妻子被暱稱為「牽手」，只因愛侶之間，往往就在肌膚相觸之際，傳遞最深刻的情感。詩經邶風篇的擊鼓，是一首幾乎人人能琅琅上口的古詩：「死生契闊，與子成說，執子之手，與子偕老。」同樣帶出牽手含蓄而傳神的表達，是人世間緊密的深情摯愛。

☆ 五大感官都與觸覺有關

　　這些人際之間的情感交流描述，最大的共同特點在於他們都存在著「觸覺」。觸覺在所有感官感受中是最特殊的一項，常被稱為「感覺之母」，廣義來說，五大感官的感受，都和觸覺有所關聯。味覺，是口中味蕾碰觸到特定味道所產生的；嗅覺，是足量氣味分子碰觸到鼻腔內特定的接收器所產生；聽覺，是聲波在耳內產生震動碰觸所產生的，而視覺也跟光線和眼內結構的碰觸相關。

因此，觸覺也常常被運用在各種語言中，作為表達細膩情感的內涵，例如，在文字當中，我們經常使用「感觸」、「觸動」、「接觸」等字眼。在英文裡的「touch」一辭定義，更是牛津字典所佔篇幅最長的一個，跟 touch 相關的表達更包含了 keep in touch（保持聯絡）、touchy（感人的）、be touched（受感動）、touch the case（接觸案例）……等。如果有機會進行一項研究，調查每一對情侶開始交往的最初起點，幾乎可以大膽預估，所有故事的開始，一定都包含了「觸覺」這項元素的存在，所以觸覺可說是一個愛的交點。

觸覺也是人類胎兒在母體當中最早發展的感覺，約莫 6 週大的胎兒就已經能感受得到母體內羊水的浮動，也可以透過肚皮察覺到母親所傳遞的撫觸訊息。觸覺也是人類死亡之後，在視覺、聽覺、嗅覺和味覺都失去之後才會最後消散的一項感覺。此外，在人類的所有感官中，失去任何單獨一項，都不至於會危害到生存，好比失去視覺、失去聽覺、失去嗅覺或味覺，都仍然能夠依賴其他感官而生活，唯獨失去觸覺將會使人逐步邁向死亡，這種失去觸覺的疾病稱為：多重硬化症（multiple sclerosis），好發於女性身上。

最有名的案例就是知名大提琴演奏家 Jacqueline Du Pre，她在一次演奏會上失去了手部所有的知覺，而需靠著眼睛的視覺去引導手部動作，完成演奏後不久也因此病過世。觸覺也是與溝通最有關係的一項感官，相較於其他的視覺、聽覺、味覺

和嗅覺，觸覺是最需要和他人產生一定形式的互動，這些例子都表現出觸覺這項感官的獨特。

早期對於觸覺的研究，多半是從動物身上開始的，科學家注意到許多哺乳類動物的幼仔在出生後，母親都會仔細的舔舐身體。根據觀察，因分離而無法獲得舔舐的幼仔通常都無法生存，這樣的舔舐形式，其實也是撫觸的一種，是許多動物生存必要的過程。

撫觸的動物實驗，最經典的就是美國威斯康辛大學的哈利哈洛博士（Dr. Harry Harlow）所進行的幼猴實驗，哈洛博士製作了一個用軟布料為材質的母猴塑像，和一個用電線等粗硬材料做成的母猴塑像，讓幼猴選擇願意跟哪一隻母猴待在一起，結果發現，幼猴寧可選擇沒有乳汁和食物的軟布料母猴，也不願意選擇擁有乳汁食物卻粗糙堅硬的母猴。這個實驗初步證實了觸覺和食物一樣重要，甚至更為重要。

在這個實驗之後，哈洛博士的學生史蒂夫梭密（Steve Suomi）也緊接著進行了一項相關的研究，他將母猴和幼猴以一面透明的玻璃分隔開來，讓幼猴能夠看到、聽到、也聞得到母猴，然而在這個唯一缺乏觸覺的分離實驗情境中，幼猴的健康狀況並不良好，他們的免疫系統發生問題。但有趣的是，這些幼猴幾乎所有的時刻都會緊密的彼此依偎，來補足他們被剝奪的觸覺經驗。這樣的相依，也有效地幫助他們的生理狀況恢復正常，這個研究又再一次的證明了觸覺的重要性。

☆ 美好的觸覺，有助人格發展

觸覺經驗的差距也會影響到整個文化的民族性，人類學家瑪格莉特梅特（Margaret Mead）曾經指出，在成長過程當中富含撫觸經驗的教養，其成人所表現出來的攻擊性較低，反之，在教養方式當中缺乏撫觸經驗者，成人所表現出來的攻擊性則較明顯。她舉出了一個有名的例子，在非洲新幾內亞的兩個部落，Arapesh 和 Mundubamor，前者的嬰兒長時間都是由母親用一個柔軟的網袋包裹著，隨時揹抱在母親身上，持續的維持肢體接觸，餓了就由母親隨時哺餵母乳。這個部落的成人所表現出來的特質，也是溫和、不具攻擊性的，幾乎沒有戰爭。

反之，雖然是同在一個國家之內的 Mundubamor 民族卻以攻擊性強、好戰聞名，觀察他們的教養方式，嬰兒是被放在一個綁在母親額頭，揹在身後的籃子當中，看不到也摸不到母親的身體。如此明顯的差異，就可以看得出嬰幼兒的早期觸覺經驗對於整個社會的影響。

在一般的社會中，大人通常會下意識的對男孩和女孩採取不同的教養方式，男孩從小獲得的肢體接觸，平均而言都低於女孩所獲得的肢體接觸，特別是在成長的過程中，甚至男孩同儕間的肢體接觸（像是手牽手）都相對低於女孩，這或許可以解釋為什麼男性的攻擊性要強於女性的原因吧。

在現代的社會，犯罪率的增加及犯罪年齡的下降，已經是一個舉世共同面臨的棘手難題。或許在了解早期觸覺經驗和社會整體性的關係之後，給予嬰幼兒早期豐富、正面的觸覺刺激和經驗（像是嬰幼兒按摩），不失為是一個既經濟又能有效地促進人際和諧的方法。

☆ 暴力，常來自不好的觸覺經驗

觸覺概略地可分為好的觸覺和不好的觸覺，好的觸覺感受，包含了朋友間的牽手、親子之間的擁抱、輕撫、夫妻愛侶之間的親吻、親密行為……等，而不好的觸覺感受，像虐待、毆打、性侵害、陌生人的擁抱撫摸、針筒注射……等。

著名兒童發展學家 Brazolton 就曾強調，在嬰幼兒時期讓孩子學習分辨好的撫觸和不好的撫觸，是相當重要的身體意識教育，只有在孩子很清楚地體驗好的觸覺經驗之後，才能學會拒絕不好的觸覺經驗，以建立起自身的身體界線，進而增加對自己身體掌握度的自信，並且能逐漸以好的觸覺經驗，療癒不好的觸覺記憶。

　　然而，在不好的觸覺經驗之餘，還有一種更糟糕的觸覺經驗，稱之為「觸覺剝奪」（touch deprivation），即缺乏觸覺經驗的意思。先前，動物實驗證明了觸覺經驗的重要性，同樣的情形也發生在人類嬰兒身上。著名的例證為發生在羅馬尼亞孤兒院的真實案例。二次世界大戰期間和戰後，許多由孤兒院收容的院童，由於照顧的人力嚴重不足，除了餵奶之外，照顧人員鮮少碰觸嬰幼兒，更遑論擁抱或輕拍安撫了。

　　當西方的醫療救援兼研究團隊，因震驚於孤兒院接近 100% 的嬰兒死亡率，而到達羅馬尼亞提供援助時，更震懾於觸目所見的景象，他們看到勉強存活的 7 歲女孩 Tana 瘦到只剩皮包骨，身高也僅有正常同年齡孩子的一半，棍子般的雙腳無法行走，其他同樣倖存的孩子，也面臨相同殘酷的命運，團隊人員一開始懷疑孤兒院的嬰兒可能死於營養不足，但是事實並非如此，他們擁有充分的奶粉供應，但卻仍然陸續死亡。在進行密集觀察研究及和年紀較長的倖存者互動之後，發現缺乏肢體接觸的社會剝奪（social deprivation），才可能是最主要的致死原因。團隊人員在評估之後，為 Tana 和其他人施予觸覺治療，慢慢地這些孩子逐漸接近正常成長比例，雙腿也開始強壯到足以跑步了。

　　這個例子再次證實觸覺是生存必備的要件，與其完全缺乏觸覺經驗，嬰幼兒常常寧可選擇接受不好的撫觸，因為缺乏了撫觸，生命將走向死亡。人的求生本能會促使嬰幼兒做出不得不的選擇，這也是為什麼在許多家暴事件當中，嬰幼兒仍然會對於施暴者有

著強烈依附感的原因（即使這種依附感是一種不正常的依附感）。換言之，在嬰幼兒的早期經驗當中，給予他好的觸覺經驗是非常重要的，唯有如此，當他在遭遇不好的觸覺經驗時，才有分辨能力，足以明確拒絕或求助，若早期生活缺乏撫觸經驗，則很容易為有心人以不好的觸覺所操縱，反而造成他尋求不好的觸覺經驗。

嬰幼兒按摩是提供早期正面撫觸記憶的一個絕佳途徑，可以協助嬰幼兒建立美好的觸覺經驗，形塑早期人格。在歐美國家，類似的觀點也常常被運用於受虐兒的輔導治療當中，足見觸覺經驗的重要。

☆ 美好觸覺，具有絕佳療效

事實上，在歷史記載中，觸覺治療一直都在醫學治療中扮演很重要的角色，聖經中便記載，耶穌以徒手為病人醫治的故事，而在傳統中醫裡，也將主要的醫療方式分為砭、針、灸、藥，砭指的是刮痧和按摩的物理治療方法，為四種方法之首，亦是最重要的方法，只可惜由於不如藥物來的容易生財，使得許多人反而建立起中醫以藥為本的觀點。

另一項足底反射按摩，也是屬於重要的觸覺治療，因為腳底擁有密布的觸覺接收器，加上許多西方常見的按摩療法，像是瑞典按摩……等，都顯示出觸覺治療在文化發展過程中的地位。然而，由於許多政治上或是宗教上的原因，觸覺和情色禁忌的印象產生了關聯，加上一些現代虛擬科技的發達，也在無形當中阻絕

了人與人之間的距離。幼稚園裡的老師或工作人員,也被教導除非必要,否則不要輕易地親吻、擁抱孩子的工作道德觀念,這同時也剝奪了孩子體驗豐富正面觸覺經驗的機會。

若我們在完全不介入的情形之下,觀察嬰幼兒在同儕之間的自主舉動,常會發現,這些非常年幼的孩子們,會主動以肢體碰觸的方式來和其他嬰幼兒產生互動和進行探索,這種情景在嬰幼兒按摩課程進行時相當常見。我們可以看到幾個並排而躺,正在接受父母親按摩的嬰兒們,會不時發出愉快的兒語聲,一邊把手放入口中尋求豐富的觸覺,一邊跟身旁的同儕牽起手來或是產生身體接觸,景象十分可愛。

在各個文化中,我們發現表現善意的方法,也都多半和觸覺有關,像是擁抱、親吻、握手、搭肩……等,都比單純的言語更能令人產生親近感。曾有研究人員為了研究觸覺對於人際關係的巨大影響,而進行了一項有趣的實驗,他讓餐廳的服務生在為客人進行服務時,一次不經意且自然的發生肢體接觸,一次則完全不進行肢體接觸,分別輪流進行,然後在用餐完畢,都請這些客人填寫問

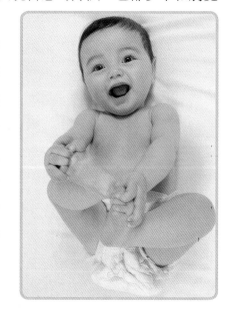

卷調查，問卷內容包含餐廳的整潔程度、服務生的服務態度、食物是否合胃口……等。結果發現，那些有肢體接觸的客人平均比沒有肢體接觸的客人留下的小費不但比較多，其有效問卷結果也認為餐廳較為乾淨、服務生服務態度較為良好、食物較為好吃……等。

另一個類似的實驗，是由研究人員將一張 1 元美金鈔票夾在公共電話亭的電話簿當中，當下一位電話使用者通話完畢之後，研究者會出現詢問這一個通話者是否看到這一張紙鈔，並且請他歸還。結果，那些受到研究人員肢體接觸的人，平均回答看到這一張紙鈔，並且歸還的人，遠多於那些沒有肢體接觸的電話使用者。這也難怪，許多訓練業務員的著名國際性課程當中，會將適當的肢體語言（包含如何產生適當的肢體接觸）當成訓練業務人員增加業績的重要培訓課程。

☆ 皮膚是觸覺的接受器官

與觸覺直接相關的器官就是皮膚了，皮膚是全身最大的器官，如果皮膚可以像布料一樣被取下的話，面積大約有 18 吋平方，重量則達到 9 磅重，在一平方公分的皮膚上，你平均可以找到 500 萬個細胞、2 個熱覺接收器、12 個冷覺接收器、25 個壓力接收器、200 個痛覺接收器、170 個汗腺、5000 個觸覺接收器、4 公尺的神經纖維、1 公尺的血管和 5 束毛髮，這些有趣的數字，在在都說明了皮膚是一個複雜的器官。

皮膚上負責接收觸覺的是觸覺接收器神經，觸覺接收器在全身各個部位的分布密度都不相同，你不妨可以和朋友進行一項實驗，請他把眼睛閉起來，用自己的食指和中指分開大約 1 公分的距離，在朋友的手心點一下，請朋友猜猜看總共有幾根手指，接著以相同的手指距離，在朋友的背部再點一次，再請朋友猜猜看總共有幾根手指。

我們可以大膽的預測，在手心的測試當中，朋友能答對的機率幾乎是 100%，但是相對的，在背部的測試當中，多數人都只能感受到一根手指的存在，這是因為在手心上，**觸覺接收器的分布是相當密集的**，因此兩個接觸點的距離並不需要分開很遠的距離，受測者就能感受到兩個接觸點（也就是兩根手指頭）的存在。然而，在背部，由於觸覺接收器的位置相距較遠，當兩個接觸點的距離不夠遠時，受測者在觸覺感受上就會只剩下一個單一的點，因此就很難猜出正確的手指數目，所以在很多國家的童年遊戲當中，都有這種猜猜看有幾隻手指在背上的遊戲。

☆ 促進成長發育的觸覺系統

身上其他觸覺接收器神經密布的地方，還包括了指尖、口唇、和腳底……等。觸覺便是由這些觸覺接收器將訊息傳遞到身體相反側的大腦皮質，讓人感受到觸覺的刺激，觸覺接收器分布越細密的地方，受到觸覺刺激時，大腦皮質產生活動的範圍就越廣，若依據這樣的活動範圍面積，來畫一張人類身體的圖案，就會出

現一張嘴巴、手、腳都出奇龐大的怪物。當我們在為寶寶進行按摩時，最常運用的就是手心的部位，尤其還會不時本能的親吻寶寶粉嫩的肌膚，因此不只寶寶獲得了豐富的刺激，也包含了為寶寶進行按摩的父母親或是主要照顧者。

在孕育新生命的過程當中，皮膚大約在胚胎 6 周大，長度僅有一英吋時，就具有高度發展的觸覺。在受精卵成為胚胎之後，胚胎細胞會進行分化，一開始會分化成外胚層和內胚層，而皮膚和神經系統，就是由共同的外胚層所分化發展出來的，外胚層的外側形成皮膚，外胚層的內側則直接形成人體的神經系統，依據生命法則，越早形成的部分通常越重要，而且具有較豐富多元的功能，由於皮膚和神經的細胞來自同一個胚胎層，特別是手口足的皮膚，有許多神經和大腦直接相連，因此在刺激訊息的傳遞上十分有效率，加上皮膚的刺激也能刺激體內許多荷爾蒙的分泌，促進嬰幼兒的成長與發展，我們幾乎可以把皮膚視為外顯的神經系統。

皮膚覆蓋了全身大部分的區域，包含身體內部的纖毛組織，都是皮膚的一種形式，按摩時所產生的觸覺刺激能促使身體放鬆；進食時，食物進入食道、腸胃等消化系統，其實也是另一種特殊形式的按摩，是對身體內部皮膚—纖毛組織的按摩，因此大多數的人在進食完畢之後，會感到昏昏欲睡，除了是由於血液大量進入消化系統，使得大腦含氧量下降之外，這種"按摩"放鬆的效果也是造成昏睡的原因之一。

皮膚的功能也是多重性的，包括水分、溫度的調節、保護作用、傳遞溫度、壓力、痛覺等作用，它在第一線負責各種溫度、痛覺、觸覺、壓力、顫動等訊息的接收，藉以保護我們遠離危險，免於受傷害，然而，皮膚卻也是最常受到忽略的一個器官，除非發生了皮膚疾病，否則大多數的人都不會注意到它的存在。

當身體產生病痛時，在皮膚上也會出現病徵，成為重要的警訊。保護皮膚的方法很多，包含多喝水、多運動、均衡飲食、擦拭保養品、進行完整的防曬工作等，但是其實很多人忽略的撫觸，也是保護皮膚的重要方法之一。像是身體內的某些荷爾蒙是可以藉由對皮膚進行撫觸刺激所產生的，例如：奧西特辛荷爾蒙（Oxytocin 或稱為催產激素），便能強化身體免疫系統，當擁有健康的身體，皮膚自然變得更加美麗光潔。

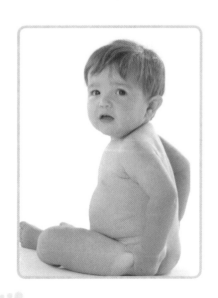

另一種和奧西特辛荷爾蒙相對的荷爾蒙為腎上腺素，腎上腺素可以幫助人體處理緊急狀況、對應付壓力及從事學習很有用處。但是，過多的腎上腺素也會使得身體的免疫系統功能降低，因此長期處在壓力之下的人，身體很容易出現各種病變。這時候，經由皮膚刺激所產生的奧西特辛荷爾蒙，便能發揮重要的平

衡作用，使人體的交感神經和副交感神經產生平衡，並且提升體
內的免疫功能。

對於懷孕和哺乳中的母親，因為體內的奧西特辛荷爾蒙含量
極高，所以能提供寶寶較多免疫能力，這也是造物主給予的天賦。
對無法懷孕哺乳的爸爸們，可藉由手部為寶寶按摩時的大範圍密
集接觸，也有助於提升體內奧西特辛荷爾蒙含量，換言之也能提
升身心的健康，尤其男性因天生無法懷孕和哺乳的遺憾，和媽媽
相比較常會覺得與寶寶之間的互動，總是處於第二順位，但是當
為寶寶進行按摩之後，卻發現另一種可以和寶寶溝通的形式，他
們開始注意並能夠解讀寶寶所發出來的各種訊息，教養的自信心
也隨之增加。

每天固定為寶寶進行親子按摩，不但有助於親子雙方，促進
體內神經系統和荷爾蒙的平衡，也是皮膚這一項特別的器官，帶
給人體美好的禮物。

何謂奧西特辛荷爾蒙（Oxytocin）呢？

　　它普遍存在於人的身上，這種特別的荷爾蒙，特別是在懷孕、生產和哺乳的女性身上含量比例特別高。奧西特辛荷爾蒙可以促進子宮的收縮，因此常被運用在催產的功能上，但其功能遠多於催產，因此在嬰幼兒按摩講師團體當中，我們鮮少以催產激素稱之，我們寧可稱之為「愛的荷爾蒙」。

　　奧西特辛荷爾蒙，可增加親密感（bonding）、依附感（attachment）；創造親職照護行為，降低攻擊性，增加容忍度（包含情緒容忍和痛覺容忍程度）、降低或穩定血壓、提升身體免疫能力、增加大腦海馬迴體及邊緣系統的血液循環、活化消化酶和酸類，並且促進子宮收縮、輔助泌乳激素的分泌，但是同時也會使得記憶力變差，造成個人只能專注於某一特定情境，像是一切跟寶寶相關的事物。因此西方有一句諺語：「Milk in the Breast，Porridge in the Brain」意指胸中有奶水，腦袋只剩一堆漿糊。趣味地表達了新手媽媽常常健忘的畫面，但是對於一切跟寶寶相關的事物，卻變得異常敏銳，可以看得出來這一切都是造物者在幫助父母親為寶寶的來臨進行萬全的準備，這種奧西特辛荷爾蒙可以藉由刺激皮膚或是按摩的方式產生。

☺ 最美麗的期待 ☺

——懷孕時期的按摩撫觸對胎兒和母體的影響

> 親愛的，這是第一次，妳期盼體重如期增加；
> 親愛的，這是第一次，妳嘗試不敢喝的牛奶；
> 親愛的，這是第一次，妳允許我稱呼另一個女孩親愛的；
> 親愛的，看著你滿足的撫摸著自己的肚子，
> 我知道，母親即將成為妳最美麗的名字。

作者 鄭宜珉

對於所有的女性而言，「懷孕」無庸置疑地成為生命中最特別的一段時光，不管是生理或心理上都經歷了巨大的變化，皮下脂肪增厚、胸部變大，體型也變得越來越有孕味；情緒的起伏增加，雖常讓家人無法捉摸，但是臉上所散發出的母性光輝，卻也是藝術家取之不竭的創作主題。這是女性一生中最美麗的時光，因為她擁有一個最美麗的期待。

自從精子和卵子以最令人驚嘆的方式相遇後，一個嶄新的生命旅程便即將在女性體內展開，在歷經長達 36 週以上的孕期之後，這個一開始連肉眼都很難看見的小小受精卵，慢慢地長成一個功能複雜、精密，且富含生命力的小嬰兒，而在這個生命創造的過程當中，每一個階段都少不了重要的按摩撫觸。

☆ 撫觸感覺生命的存在

　　一開始，造物者精心設計兩性的相遇過程，讓彼此釋放出特有的「費洛蒙」相互吸引，最親密的撫觸，讓父親的精子得以進入母親體內與卵子相遇。開始了生命的第一個樂章，接著，受精卵成功著床，逐漸發展成胚胎，當胚胎開始在母親體內穩定成長到 8 週大，便發展了觸覺，胚胎可以感受到羊水的浮動和子宮收縮所帶來的觸感，這時，有些女性甚至都尚未知覺到自己已經步入人生的另一個里程——母親。

　　隨著胚胎逐漸成長，到初步具有寶寶形態，形成胎兒時，母親也開始意識到自己身體上的變化，會不自主的輕輕按摩撫觸隆起的肚皮，並藉由這種方式與寶寶建立起不可分離的親密感和依附感。尤其在嘗試和肚子裡的小生命說話溝通時，更是會一邊輕聲細語，一邊輕撫肚子裡的小寶貝，甚至爸爸也會出現相同的動作，這種本能性的反應說明了人類對於觸覺的直覺，即使準父母們並不了解肚子裡的寶寶是否能夠感受到明顯的觸覺，但這一些即將為人父母者，總會不自主的發揮最直接的親式行為，與這個未來生命中的重要人物建立密不可分的關係，這樣的撫觸也幫助了父母親更

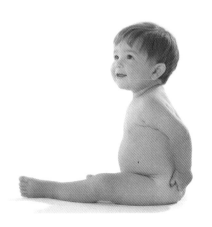

真實的感受、確認新生命的存在。

接下來，隨著寶寶日益成長，子宮內的空間越來越小，因此當寶寶活動時，多半會觸碰到子宮的邊緣，而媽媽此時已經可以明顯地感受到寶寶在身體內揮手踢腿，即所謂的「胎動」，此時，爸爸也可以真實感受到寶寶的存在。很多媽媽都會反應，爸爸在這個時期常常會表現得更體貼，因為隔著肚皮的特殊觸覺，已經能讓他更明確的知覺寶貝的一切。此時媽媽不妨可以多鼓勵爸爸或家中成員，用按摩撫觸的方式與肚子裡的小生命溝通，不但有助於情感培養，更能減緩媽媽懷孕後期的不適。不妨為小寶貝取個乳名，多叫他這個乳名，可從胎教中就建立起寶寶的自我認同感。

懷孕後期，媽媽甚至可以從肚皮隆起的形狀，分辨出這個部位是寶寶的小手或小腳，而當調皮的小寶貝將手或是腳向外伸展時，常常都能換來爸爸媽媽開心的笑容，這時父母親也可以用撫摸的方式回應寶寶，和寶寶開始發展關係，告訴寶寶這是他的哪一個身體部位，建立和寶寶互動的習慣。

研究顯示，寶寶在出生之後就能夠立刻分辨媽媽的聲音，也較為偏好媽媽的聲音，可見在懷孕期間，媽媽的聲音已經漸漸地烙印在寶寶的大腦之中，研究人員曾經試著將特別的儀器放入體內，藉以了解寶寶在肚子裡聽到的聲音是什麼樣貌，結果顯示，當媽媽唱歌或是說話時，寶寶可以清楚的聽到媽媽的聲音，雖然

聽不到文字，但是對於媽媽的聲調、韻律和節奏卻是一清二楚的。因此建議懷孕的媽媽，除了多讓寶寶聆聽美妙的胎教音樂之外，更可以多唸唱一些具有韻律節奏豐富的兒歌童謠給肚子內的小寶貝聽，邊唸唱，邊用手在肚皮上以撫摸的方式隨著韻律節奏「摸」拍子讓寶寶感覺，藉以建立寶寶的穩定節奏感，這種穩定節奏感的建立，對於寶寶未來面對子宮外的挑戰，包含獨立行走、握用剪刀……等都會有所幫助。

輕鬆一下：胖女生還是孕媽媽？

要分辨一位體態豐滿的婦女究竟是懷孕或是肥胖，只要稍加觀察這位婦女是否會習慣性地撫摸自己的肚子就可以判斷了。

☆ 按摩肚皮轉換好情緒

懷孕時期很多媽媽為了避免妊娠紋的產生，都有使用油脂按摩肚皮的習慣，按摩油最好能選用植物性的油脂，較有利於吸收，而按摩除了能夠避免妊娠紋的生成之外，更具有安定情緒的作用，如同前面的章節所述，對於皮膚的撫觸刺激，可以促進身體內的奧西特辛荷爾蒙的分泌，發揮穩定情緒、穩定血壓等效用，由於寶寶和媽媽的臍帶相連，這種美好的荷爾蒙將會從胎盤進入寶寶的體內，藉以穩定寶寶的情緒，提升寶寶的免疫力，這也是我們為什麼強調胎教的科學性原因。

孕婦情緒上的變化都會反映在她體內的荷爾蒙分泌上，科學顯示，當我們人類處在高度壓力之下時，唾液當中的可體松（Cortisol）荷爾蒙含量就會提高，反之，在放鬆的情境之下，像是接受按摩之後，唾液中的可體松含量就會隨之降低，因此，很多事證都顯示，如果媽媽是在一個很愉快的心情和環境之下孕育小寶寶，這個寶寶出生之後，情緒狀態多半會顯得比較樂觀而正面，相

使用植物性按摩油進行按摩能有利吸收，減少妊娠紋產生，更能穩定寶寶情緒，提高免疫力。

反的，若在懷孕期間，媽媽正好遭逢一些龐大的壓力事件，如工作或環境上突然的轉變、或是失去親朋好友……等，寶寶出生之後的性格和情緒通常都會需要父母親多些心力加以調教。

常用的肚皮按摩方式

準媽咪也可將例行的肚皮按摩工作交由寶寶的爸爸或是哥哥姐姐來進行。

1. 請先將雙手洗淨擦乾，倒一點點植物油在手上。

2. 緩緩將雙手摩擦生熱後，靜置於媽媽的肚子上。

3. 跟肚子裡的小寶貝打聲招呼：「寶貝，這是爸爸（哥哥、姐姐）在幫你按摩喔，請一定要在媽媽肚子裡面安心健康的長大，讓我們一起迎接你的到來。」

4. 以順時針的方式，為媽媽進行按摩。

這些過程不但有助於媽媽放鬆，更有助於提前讓肚子裡的寶寶和家中的其他成員認識，特別是家中已有哥哥姐姐的，讓他們做好迎接新成員的最佳心理準備，並協助爸爸媽媽照料寶寶，接受自己身分的改變。當然，也有助於爸媽之間或是和較大子女之間感情的交流，及親密感的建立，避免因為自己懷孕之後生理上的不適或者是心理上的變化，而疏離了與肚子裡的寶寶以外家人的關係，這種相處模式以質方面的提升，彌補了量方面可能會有的不足。

☆ 改善孕期不適的按摩

懷孕時期的婦女經常會有一些身體不舒服的狀況，最明顯的莫過於腿部抽筋的疼痛和胎兒越來越大、越來越重，所造成的腰部疼痛，有很多現代的媽媽會去尋求一些專業的按摩治療，由專業的職能治療人員或者是身體工作人員提供按摩治療的服務，根據蒂芬妮・費爾德博士等研究人員，在美國邁阿密大學醫學院附設的觸覺研究中心，所進行的研究顯示，他們將 26 位懷孕的婦女，隨機分成兩個組別，一組接受放鬆治療，另外一組則接受按摩治療。

幾週之後，兩組受試者都表示焦慮減少，腿部疼痛的情形也減緩了，但只有接受按摩治療的一組表示，心情變得比較好、睡得比較好、背痛的情形也改善了。同時，這一群孕婦在生產時候的狀況也比較少，早產人數也相對較少。這樣的研究結果顯示，

在懷孕時期接受按摩的確對於身心狀況的改善和提升，以及生產和寶寶的預後都有所幫助。

對於一些覺得享受按摩治療的消費會超過自己預算的孕媽咪來說，還是有辦法享受按摩所帶來的好處，不妨請家人像是媽媽、姊妹或是先生來為自己進行按摩。為了避免因為沒有專業訓練，而對孕婦造成不必要的傷害，家人所採用的按摩，最好是嬰幼兒按摩的「觸覺式按摩」，只以觸摸皮膚的方式，緩慢而微微堅定的手法，為孕婦按摩手部、腿部、腳部和腹部等部位，特別是那些容易疼痛抽筋的部位。

按摩的方法很簡單，在力道上避免用力的「肌肉式按摩」，因為疼痛和寒冷一樣，都容易引起身體的緊張壓力反應，而撫觸則和溫暖一樣，會引起身體的放鬆反應，也能促進家人之間的情感，在效果上並不亞於專業的按摩人員所提供的服務，加上持續度較高，效果可能甚至更加顯著。這也是為何產前課程當中，都會教導準爸爸們為準媽媽輕撫背部，或是為準媽媽按摩抽筋的腿部，藉以減低孕期或生產時的不適感，同時也更能夠幫助準爸爸建立更多同理心，體會伴侶懷胎十月的辛勞。孕期的按摩同樣也能舒緩骨盆韌帶因為寶寶成長時拉扯所造成的疼痛，讓肌肉的伸展更符合各個孕期的需要。

☆ 提前為餵哺母乳做準備

很多懷孕媽媽開始會為寶寶的未來進行規劃，其中一項必要

的課題，就是寶寶出生後是否要哺餵母乳？近年來，政府、醫院和各個民間單位大力推廣和鼓勵，宣傳母乳的營養和好處，讓更多懷孕婦女了解哺餵母乳不但利於寶寶更有利於自身，因此目前國內產婦餵哺母乳的比例已大幅提升，逐漸接近歐美的母乳哺育比例。

為了讓日後母乳哺育經驗更加順利成功，婦產科或是母嬰雜誌都會鼓勵媽媽在懷孕期間先進行乳房的按摩，這種乳房的按摩有助於幫身體做好準備，以便開始和寶寶的另一場親密之旅。

乳房按摩，可以分為乳頭和乳房按摩二種，乳頭按摩方面，由於寶寶吸吮的力道很大，乳頭的皮膚又比較細緻，因此許多產婦在初期哺育母乳時，常會有疼痛的不適感覺，甚至有破皮情形發生，除了諮詢專業人員，運用正確的哺育姿勢，讓寶寶學習含住整個乳暈區域之外，懷孕時期事先對乳頭進行按摩也會有所幫助，同時乳頭的按摩也可促進子宮的收縮，讓寶寶練習未來產程的準備。但須注意的是，具有早產跡象的孕婦，因為子宮收縮有其風險，所以最好還是在諮詢主治醫師之後再進行。

乳房按摩，前人的智慧常會教導準媽媽，使用尖端較鈍的木梳或是牛角梳，由身體朝著乳頭的方向輕輕按梳，藉以使得乳腺暢通。現在妳可以將手當成梳子，以指腹沿著乳房往乳頭的方向往上推，這種按摩，除了能促使乳腺通暢之外，更有促進泌乳激素分泌的效果，有助於日後乳汁量充足，甚至有些孕婦在生產之

前就開始會有少量的乳汁分泌，這表示準媽媽的身體已經為寶寶的來臨做好了準備。

☆ 胚胎期的學習力更佳

早期科學的發展不若現在進步時，因為寶寶表現能力的侷限，很多人誤以為寶寶每天的活動除了吃、喝、拉、撒、睡，就沒有其他的事情了，然而，寶寶的表現力有限，並不代表他們的成長吸收力也一樣受限。就像在語言的學習過程當中，很多聽得懂特定語言的人，不見得能夠流利地使用該種語言，寶寶的表現受阻，只是限於他們仍未成熟的肢體能力而已。

所幸，隨著科技的進步，現代人已經漸漸了解 0 ～ 3 歲是人類腦部活動最密集、成長最快速的時期，也開始注重 0 歲學習、0 歲教育或是所謂的潛能開發。但是，事實上在人類的生命週期當中，還有一段時間的發展成長，要比 0 ～ 3 歲的嬰幼兒時期來的更加迅速和明顯，即為胚胎和胎兒時期。近年更將上述兩段時期統稱為「人初千日」階段。

胚胎時期，是指從精卵相遇形成受精卵開始，分化到大約 8 週左右，胎兒時期則是指 8 週之後，逐漸成形的小寶寶。這段時間小生命從無到有，包含觸覺在內的各種感官逐漸生成，所以此時正是生命中的先天因子和後天環境因子，密切合作形塑生命樣貌的最佳時刻，媽媽除了在準備懷孕的過程中應該積極注意營養的攝取，以培育健康的生命種籽之外，在懷孕的過程中，創造和

平（peaceful）的子宮環境，也是很重要的一環。

知名國際依附感教養機構（Attachment Parenting，International ，API）在提出 8 個針對嬰兒的依附感教養理想當中就強調，和平子宮環境的創造，對於日後親子關係的和諧具有關鍵性的影響，這種環境的創造，包含了不抽煙、不喝酒、吃營養均衡的食物、獲得充分的休息和睡眠，進行適當的運動，但是更重要的則是維持良好的情緒。之前提到過，媽媽的情緒會改變體內的荷爾蒙，再經由臍帶傳遞給寶寶，因此寶寶會自然地知覺媽媽的情緒，而發展自己的情緒及對於外界的認知。

胎兒各方面的發展，彼此具有密切的關聯性，其中以情緒的正面發展，是寶寶所有其他發展的基礎，這些發展包含了肢體、認知神經系統及所有其他系統……等發展。換句話說，當寶寶的情緒獲得充分的正面發展之後，其他各方面的發展也會較為健全，因此多數人都會發現快樂的孕媽咪，會生下既快樂又健康聰明的寶寶，這是因為寶寶的各方面系統，尤其是腦神經系統特別發達的緣故。

☆ 按摩有助孕期和產程順利

撫觸和按摩會帶給媽媽愉悅的情緒，相對的，在孕期對孕婦施以按摩，不但有助於孕期和產程的順利，更可以建立起親子之間愉快的互動關係，有助於孕育出健康、聰明、活潑、快樂的小寶寶。

　　所有孕媽咪經歷了漫長而美麗的等待之後，最期待但也最焦慮的莫過於生產的大日子來臨，焦慮的原因，多半來自於對於生產過程的陌生和不了解，特別是第一胎生產的媽媽，還會對生產過程可能發生的疼痛和危險感到憂心。根據研究證實，在懷孕的過程中，充分吸收和生產相關的訊息，可以有效減低生產的焦慮感，因此在懷孕期間多參與各種生產準備課程（Birth Preparation Programs），如拉梅茲呼吸法課程、閱讀相關的教養類或醫學類書報雜誌，以及觀看生產錄影帶，讓孕婦在整個懷孕和生產過程當中，都能運用充足的資訊，進而發揮自我意識，以減緩對生產的恐懼。同時，如果媽媽爸爸在孕期就體會過按摩為家庭帶來的好處，產後將更有機會和寶貝繼續這個親密之旅。

專為孕媽咪提供最貼心的嬰兒按摩課程

　　嬰幼兒按摩是很適合孕媽咪全家參與的一項產前準備課程。雖然這時候小寶貝還在肚子裡，但我們可以運用假娃娃來練習各種的按摩手法，同時藉由觀察和與其他媽媽的交流，在生產之前就可以對教養擁有更正確的觀念，讓孩子更有機會贏在起跑點。

　　孕媽咪參與嬰幼兒按摩課程時，講師通常會安排孕媽咪先參加前三次的課程，讓孕媽咪們先對嬰幼兒按摩有些基本了解與認識，最後兩堂課程，則會等到寶寶出生之後，依媽媽方便的時間再繼續回到課程中參與，這樣的安排最大的目的就是，讓新手媽媽在替自己的寶寶實際按摩了數個月之後，還有機會回到教室，和講師及其他媽媽進行更深度的交流。

☆ 孕產婦才是生產過程的重要決定人

在台灣的社會體系當中，醫生常代表至高無上的權威象徵，患者往往不自覺也不要求自己的權利。但是在醫病關係當中，病人其實可以擁有更多的選擇，因此和醫生取得充分的溝通是相當重要的。特別對於孕婦來說，現代的趨勢都是逐漸將懷孕和生產的過程去醫療化。

也就是說，在一般正常順利的懷孕和生產過程當中，許多先進國家已經開始意識到，醫療介入的部分越少越好，孕產婦不應該被當成病患對待，孕產婦和她們的家庭，才是懷孕生產過程中的主要角色，他們應該擁有更多對於自己懷孕生產經驗的自主權和選擇權，包含想要採用的生產地點（自家、診所或醫院等）、方式（由哪些人陪產等）、姿勢（蹲、側躺等）、及生產程序（如是否要進行陰阜除毛或是會陰剪開的程序）等，都可以經由孕產婦和陪同生產人員的討論，做出最好的決定，並且就可能會出現的緊急狀況預先設計運送的路線和醫療院所，讓產婦在舒適、具有自我感之餘，也確保醫療方面的安全。因此選擇由助產士（midwife）到府協助生產的案例越來越多，所幸在台灣，也有越來越多孕產婦開始進入覺醒的行列，為自己的孕產進行正向的決定和選擇。

☆ 陪同生產者為產婦按摩

除了醫生、護理人員或助產士之外，在歐洲許多國家，還有陪產士（doula）制度，這些受過專業訓練，領有執照的陪產士，

在產婦生產的過程中全程陪同，除了教導母親生產的過程、支持母親、稱許母親的努力，並且提醒母親依循自我身體的韻律之外，最常見到的就是這些陪產士運用各種撫觸技巧撫摸產婦，有時候會摸摸她的頭，輕柔地揉按產婦的四肢，或是在產程早期撫摸產婦的軀幹，甚至在產程後期抱住產婦的整個身體。

在台灣陪產士制度並未納入保險制度的給付，認識陪產士制度的孕產婦人數也不多，可見在台灣的孕產婦權利還有一段艱辛的路程要走，但是至少在了解了按摩撫觸對於產婦和新生兒的好處之後，那些歷經多年醫療體系努力變革，才得以進入產房見證生命最璀璨一刻，成為第一個和寶寶相見的家人及爸爸們，倒是可以開始學習為辛苦的另一半按摩，爭取自己和寶寶建立與伴侶相同重要的關鍵機會。

陪產士的好處與制度

在歷史記載當中陪產士是有其痕跡可循，世界著名小兒科博士，同時也對觸覺研究有所貢獻的約翰‧康尼爾博士（Dr. John Kennell）就曾說過，在 128 個非工業社會中，有 127 個社會有這樣的習俗，在產婦生產的過程中有另一位女性的陪同。同時在後期的研究中也顯示，在生產過程中若有陪產士的陪同下，不論是產後併發症發生的機率、生產時需要大量醫療介入的比例、剖腹產機率、產程時間或新生兒進入加護病房的比例，都較為降低。

陪產士的制度費用，在北歐一些社會福利制度健全的國家，像是瑞典是由保險給付的，在歐洲其他國家或是美國則需要自費，因為多數保險公司僅著眼於眼前能立即省下來的保險給付費用，並沒有思考到在運用陪產士制度之後，所節省的產婦和新生兒照護醫療成本。

迎接寶寶的來臨

輕輕聽著喘氣聲　心肝寶貝子
你是阮的幸福希望　斟酌給你晟
望你精光　望你知情　望你趕緊大
望你古錐　健康活潑　不驚受風寒

- 節錄自鳳飛飛〈心肝寶貝〉歌詞 -

　　九個月，一段不算長但也不算短的日子，它的長度不足以讓爸爸媽媽從容地學會所有為人父母應有的技巧和知識，但也吊足準爸媽的胃口，在這段期間，仔細揣摩寶寶可能的樣貌，這種像三溫暖般矛盾又甜蜜的感受，就在寶寶藉由宏亮的哭聲，開啟了肺臟獨立呼吸的功能，並且宣告自己來到這個世界之際，開始了另一個新頁。這是整個家庭另一個新生活的開始。爸爸媽媽們的生活腳步，都會因為新生命的降臨而有所調整，並深切地感受到自己的生命是如何被這個小寶貝所牽動，如何因為這個新血的加入而更加完整。

　　親子之間的親密旅程，也從這一刻開始進入一個嶄新的里程碑。這時候的新生兒剛從一個密閉、溫暖、潮濕、昏暗的子宮環境，來到開放、明亮、寒冷、粗糙的世界，面臨巨大的壓力可想

而知。觸覺研究學者費德瑞克‧利包爾（Frederick Leboyer）在著作《無暴力的產程（Birth Without Violence)》一書中，就試著以嬰兒的角度來體會生產的過程，從產道裡看到彼端昏暗的光亮，然後開啟了永遠無法回頭的歷程。因此，費德瑞克開始推廣一種不同於以往的生產環境準備運動，鼓勵醫院將產房的光線調暗，空調降低，盡量減少子宮內外環境的差異。

☆ 母嬰相見歡的第一次觸動

現今醫院開始強調母嬰之間第一時間的親密接觸，過去將一出生的寶寶送往育嬰室和媽媽分離的情形，在大多數歐美醫院已經不復見。這一種早期不合人性的做法，對於很多發展中國家的人們而言，是不可思議的，雪倫‧海勒（Sharon Heller）在其

著作《切要的撫觸（The Vital Touch)》中描述，如果非洲部落的母親，看到西方國家的母親在玻璃窗外看到自己新生寶寶的情景，一定會以為這些寶寶是被偷竊了。因為在正常的情形之下，寶寶在出生後的前幾個小時都需要和母親保持親密的肢體接觸，這一段時間的親密接觸，對於親子關係的建立和哺育母乳的成功有著密切的關聯性。

現在歐洲，大多數的醫院在寶寶出生，由爸爸剪斷臍帶之後的第一個步驟，不再是為寶寶擦拭身體或是為寶寶點擦眼藥；而是由醫護人員或是助產士將寶寶抱到媽媽的胸腹前，來見證生命力的一刻，我們會看到原以為軟弱無力的新生寶寶，運用與生俱來的原始動力，緩緩地向母親的胸部，以蠕動的方式前進，直到找到媽媽的乳頭，再緩緩抬起頭來，一口含住，吸吮（sucking reflex）了一會兒之後，又憑著嗅覺和觸覺搜尋另一邊的乳頭，然後再繼續吸吮。在這個過程中，剛剛開展正式關係的兩個生命相互按摩著對方，寶寶在蠕動的過程中會運用出生時的踏步反射（steeping reflex），以身體和腳底的皮膚按摩媽媽的身體，媽媽也同時按摩著寶寶，許多看到這一刻生命力量的父母親和現場人員都會為之動容，詠嘆生命的奇蹟。

其實，在一般醫院內，當寶寶出生被放在媽媽身邊的那一刻起，在沒有特殊狀況之下，媽媽多半會本能的伸出手，開始探索寶寶的身體，通常這一種探索會從寶寶的四肢開始，媽媽會有想撫觸寶寶的慾望，特別會把寶寶的手放到自己的嘴邊親吻（別忘

了嘴部也是觸覺接收器密布的區域），因為這種接觸的感受太美好，接下來就會開始探索寶寶的身體，進而親吻寶寶的臉頰，然後開始哺乳。

這一些美好的過程，必須在母嬰同室的情境之下才有可能發生，所幸近年來醫療院所開始推廣母嬰同室，不但鼓勵哺育母乳，更讓媽媽和寶貝的第一次接觸經驗來得更加美好。

☆ 母嬰同室，感受彼此的愛

有關母嬰早期接觸的好處，蒂芬妮・費爾德博士就曾在她的著作中提到，一個由克勞斯博士（Klaus）和康尼爾（Kennell）博士共同主持的研究，研究人員讓母親們在產後兩小時中，照顧光溜溜的小寶寶，然後在接下來的 3 天內，多和寶寶相處 5 小時。研究發現，那些多和寶寶相處的母親們，和只跟寶寶在特定時間相處的母親們相比，較能順利地安撫寶寶的情緒，在餵奶時也跟寶寶有較多的眼神接觸。又當醫生為寶寶進行 1 歲的例行檢測時，會傾向於進行必要的協助，2 歲後會詢問較多相關的問題，比較不會質疑寶寶，同時孩子在 5 歲時候在 IQ 和語言測驗上有比較好的表現，這些令人驚訝且興奮的結果，都要歸功於生命早期立即性的親密接觸。

耶路撒冷的希伯來大學（University of Hebrew），馬莎・凱茲（Marsha Kaitz）和其他研究人員也發現，如果讓媽媽在產後立即擁抱自己的寶寶至少一小時之後，就算把媽媽的眼睛矇

起來，讓她在一整排的新生兒當中，僅觸摸他們的手和額頭，就可以分辨出哪一個是自己的寶寶。同樣的實驗也發現，情侶即使矇著眼睛，也能在觸摸對方的手之後，就能分辨出自己的伴侶來，撫觸的力量在此展露無遺。

自從小寶寶呱呱墜地之後，便需要以各種方式來認識自己所來到的世界，而爸媽的溫柔按摩撫觸，可以即時提供孩子必要的安全感，讓寶寶感受這個世界是溫暖，並且十分歡迎他的到來。此時的親子關係不僅僅是哺乳、換尿布或幫寶寶洗澡，更應該多撫摸寶寶、親吻、貼近和寶寶的距離，這時寶寶和父母親就像很熟悉卻又剛認識的朋友，需要更多肢體接觸和互動來增加對彼此的了解。準媽咪不妨選擇可以讓母嬰同室的醫院和坐月子中心，從日常的生活互動中，讓寶寶在生命的初期就能和媽媽有密切的接觸。

台灣有產後坐月子的習慣，這時也是為寶寶按摩的絕佳時機，除了寶寶的年紀很小，效果將十分顯著之外，在這個時期，媽媽和寶寶都能長時間的相處，而在所有的例行照顧活動當中，媽媽都可以利用機會為寶寶進行各種形式的按摩，如在寶寶喝奶時，可一邊輕緩溫柔的撫摸寶寶的身體，一邊輕唱搖籃曲，或是播放美好的音樂；為寶寶換尿布時，也可以摸摸寶寶的腿部和臀部；當然在為寶寶洗澡時，更是按摩的絕佳時機，一邊為寶寶洗澡，一邊跟寶寶說明身體各個部位的名稱，可以加強寶寶對自己身體的覺醒程度。

☆ 新生兒按摩有助良好的發展

許多新的研究結果顯示，與父母親同睡的寶寶，擁有比較高的自尊，主要是因為與父母親同床共眠可提供更多親密的肢體接觸機會，同時也可以提高母乳哺育的比例和延長哺育的時間。這個時期的寶寶在各方面的發展都非常快速，包含腦部神經、免疫系統、消化系統、血液循環系統以及呼吸系統等發展，其實都可以藉著按摩的刺激，建立良好的基礎，特別是剖腹產的寶寶，沒有經過生產時產道強烈的按摩刺激，嬰兒按摩則有助於肺部肺泡的擴張發展，提升肺部等呼吸系統的發展。

新生兒的按摩對於整個家庭適應新生活也有所幫助，由於按摩的過程當中必須全神貫注於寶寶的各種生理、心理表現，父母親對於寶寶的狀態掌握度提高，包含可以立刻感覺寶寶氣色的變化、皮膚的狀況、肢體的緊繃程度，以及對於光線和聲音等刺激的反應，甚至可以及早察覺寶寶是否患病，特別是患有產後憂鬱症的母親，嬰幼兒按摩對於增強父母親的自信心也有所助益。

有些剛出生的寶寶對於刺激較為敏銳，這是每個孩子天生氣質的差異，是相當正常的現象，面對這樣的孩子，可以用靜置撫觸（still touch）替代按摩（stroke），也就是只把手放在寶寶裸露的皮膚上，但是不進行來回的撫摸，直到寶寶逐漸習慣這樣的撫觸經驗之後，才開始進行按摩，如果在為寶寶按摩的時候，寶寶出現單一的壓力徵狀，像是避開按摩者的眼神接觸，或是舌頭微微外伸是沒有關係的，但是一旦寶寶開始哭泣，就應該試著

先為寶寶變換姿勢，如果還是繼續哭泣，則需要暫停按摩讓寶寶休息一下。

☆ 找出寶寶喜歡的按摩方式

面對這樣特質的孩子，在按摩時，不要讓環境中存有太多的刺激，一次僅提供一種刺激，無須唱歌或播放音樂，燈光也控制在昏暗的狀態，寶寶如果暫時不願意和你有眼神接觸（眼神接觸對於寶寶而言也是一種密集的刺激），也不需要特別強迫他，總而言之，一切都以寶寶的狀況為主，尊重寶寶所透露出來的訊息，如同一再強調的，按摩當中最重要的是「撫觸」而不是手法。按摩並非一板一眼的特定技巧，沒有絕對的規則，找出寶寶喜歡和能夠接受的方式，因為我們所要按摩、傳遞愛的對象，是自己的孩子，而不是其他別人的孩子。

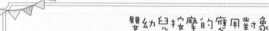

嬰幼兒按摩的應用對象

隨著嬰幼兒按摩的好處逐漸為大眾所知曉，開始有些嬰幼兒照護單位提供為寶寶進行按摩的服務，由於寶寶的主要照顧者（main care givers）也是嬰幼兒按摩推廣和服務的主要對象之一，我們非常鼓勵擔任寶寶主要照顧者的工作人員學習嬰幼兒按摩的課程，特別是照顧一些無法獲得父母親親自照顧寶寶的工作人員，像是新生兒加護病房（NICU）的護理人員、寄養家庭父母親或寄養單位工作人員、全職父母親所托付的保母人員、24 小時托嬰單位的教保人員……等。

目前這樣的課程和在職訓練也提供證明書給予這一類的工作人員。然而，親情是無法取代的，除非真的完全無法選擇，否則父母親最好還是盡量抽空保持自己為寶寶按摩的習慣，特別是和寶寶相處時間有限的假日父母或是職場父母。

嬰幼兒按摩可以彌補親子互動上「量」的不足，在「質」的方面也可做全方位的提升，但仍應避免養成完全依賴專業照顧者的心態，因為專業照顧者所能代勞的是專業的照料和諮詢，但是親子間的親密感和依附感，卻是旁人無法代勞。TRI 就曾針對由專業醫護人員所提供的嬰幼兒按摩，和由父母親自行為寶寶進行的按摩中，觀察寶寶所呈現的各種客觀身心指數，比較二者效果的優劣，結果發現並沒有顯著的差異，但由父母親所提供的按摩，由於更能夠長時間進行，反而具有持續性高，以及能促進親子關係……等效果。所以必須再次強調，這是委請專業照顧者提供按摩所得不到的，即使寶寶平日已經有機會接受專業照顧者的按摩，父母親最好還是維持自己為寶寶按摩的習慣。

☆ 新好男人開始學做爸爸

雖然近代已有許多新好爸爸出現，但仍有些爸爸在新生兒期間，還是會對寶寶的照顧，感到手忙腳亂。其實，對於新生兒照顧來說，媽媽對於寶寶的經驗也不見得比爸爸來得多，只是因為經過 9 個月的準備，加上大多數人的焦點會集中在新手媽媽身上，準媽媽在新角色的適應和扮

演上，也往往會比準爸爸來得快速。在教授嬰幼兒按摩的過程當中，常常聽到很多爸爸的心聲是，新生兒軟趴趴的，如果要為寶寶按摩的話，怕自己的力道過大而誤傷了寶寶，因此通常都等到寶寶3～4個月之後，才敢試著動手為寶寶按摩，或才敢抱寶寶。

其實，新生兒期間是爸爸和寶寶相互認識和建立關係的絕佳時機，由於媽媽在懷孕期間和寶寶朝夕相依，寶寶對於媽媽已經有了相當的熟悉度，但是對於同是賦予他生命的爸爸而言，卻還需要一些時間了解彼此，但寶寶有權利知道爸爸這個生命中的重要人物，他的聲音聽起來是如何？他的味道聞起來是怎樣？還有他的觸感是怎樣的呢？研究也顯示，成長過程中有父親參與的寶寶自信心較高，學術成就也較好，生命早期建立的關係通常會有一生的效益。因此，爸爸也應該多找機會和寶寶接觸，彌補無法懷孕生產，無法哺乳的生理鴻溝。

不需要擔心自己的力道控制，幾乎所有的爸爸都有一定的本能掌握和寶寶互動時候應有的方式，爸爸照顧寶寶時方式和力道的差異也是寶寶極需的刺激差異，萬一爸爸的力道真的重了，多數的寶寶（特殊需要的寶寶或是早產兒的壓力表現方式則請參考相關章節）也會以他自己的方式（例如：哭泣）和爸爸溝通，特別是在繁忙的一天工作之後回到家中，如果能夠和寶寶一起泡個親子浴，或是親手為寶寶按摩，看一看寶寶因為和爸爸愉快互動時，所展現的天真笑臉和真摯童顏，相信必能輕易掃除一整日的疲憊。

爸爸媽媽不要同時動手

要提醒爸爸媽媽的是，雖然寶寶需要父母親雙方不同的觸覺刺激，但是不鼓勵父母親在同一個時間之下，一起為寶寶進行按摩。例如，由媽媽按摩左腳，而由爸爸按摩右腳，很容易造成寶寶的混淆，比較好的方式是，父母雙方設定日程表，特定時間由爸爸按摩，特定時間則是由媽媽按摩，這樣不但提供多樣性的刺激，也可以提供寶寶所需要的規律性原則，盡早讓寶寶知覺週期和模式（pattern）的存在。或也可以在按摩的時候由父母親同時在場，但是沒有按摩的一方坐在按摩者的身後，提供舒適的肢體接觸和支持，這種方式也能使全家人都獲得按摩的益處。

☆ 最佳幸運兒，三代同堂

台灣還有一個很大的特色，就是家庭支持系統的完整，很多幸運的新生兒家庭都有來自祖父母輩的協助力量，嬰幼兒課程一般是以家庭為單位，因此父母親帶著寶寶來參加嬰幼兒按摩課程時，很多祖父母會隨行，言行舉止之間透露無盡的天倫之愛，這是一個很好的現象。

延伸家庭（extended family）本來就是僅次於父母親的最佳照顧者，邀請祖父母一起參與嬰幼兒按摩的學習和執行，更可以協助改善兩代之間溝通教養上的歧異，因為嬰幼兒按摩的課程，不僅僅是手法的傳授，很多父母親反應受益最多的，反而是講師所引導的各種教養觀念討論，以及參與者之間的相互支持。曾經有位媽媽反應，由於婆婆是寶貝女兒白天的主要照顧者，自己常

需要花很多精神和婆婆進行教養方式的溝通，過去婆婆總是認為讓寶寶哭一會兒有助於肺部的運動，因此主張盡量不要抱寶寶，怕會寵壞了女兒，於是在溝通的過程當中，難免會造成婆媳之間的不愉快。

不得已下，她以自己無法獨力帶寶寶出門為藉口下，邀約婆婆一起參加嬰幼兒按摩的課程後，婆婆從一開始的抗拒，到最後完全認同，不但教養方式漸有改變，也不再需要進行觀念拉鋸戰，婆媳關係開始緩和，現在，這個快樂的媽媽說，當寶貝女兒開始哭時，婆婆反而會第一個進行回應，尤其當她晚上因為工作疲累而沒有立即回應寶寶時，認真聽講的婆婆反而會認真的告訴她，「嬰兒不會被愛寵壞，快速反應寶寶的需求才會讓寶寶有安全感。」這位欣慰的媽媽開玩笑的表示：「老師說的話果然還是比較有效啊。」

☆ 觸覺有助於感覺統合發展的三階段

嬰幼兒按摩同時也和寶寶未來的感覺統合發展有著密切的關係，何謂感覺統合（sensory integration）？簡單的說，身體的各個感官必須同時運作，來為大腦建立一個完整的圖像，讓我們在肢體上能認識自我、知道自己所在的位置，並且知覺周遭所發生的一切，感覺統合即為大腦建立這種完整圖像的重要功能。有效的感覺統合能力運用，可以讓一般人在不知不覺中就能進行日常生活中的各種複雜動作，像是在有桌椅的教室行走、拿剪刀剪裁、拿筷子吃飯……等。

感覺統合失調，容易表現出日常生活上各種操作的困難，像是握筆困難、特別害怕玩鞦韆、溜滑梯等與重力平衡有關的遊戲，或總是身陷掉落的危險而不自知，其他像是過動、觸覺防禦（tactile defensiveness）等也是伴隨感覺統合失調的症狀，常常都會影響孩子的學習。一項獨立研究指出，幾乎 70% 以上被認定學習障礙的孩子都有感覺統合方面的問題。

感覺統合建立的階段	
第一個階段 （嬰幼兒時期）	寶寶必須擁有豐富正面的感覺刺激，像是聽覺、視覺、觸覺、重力平衡（對於地心引力和平衡的感受）和本體覺（知道自己身體所在位置的感受，即使在黑暗中也知道自己身體的位置），其中又以觸覺、重力平衡和本體覺三者最為特殊，因為這些部分會大幅影響第二個階段（嬰幼兒後期和學步時期）的發展，也就是親子間的親密感和依附感、手眼協調能力、身體兩側的協調能力和動作計畫……等。
第二個階段	也是語言的重要發展階段，因為語言的學習不僅只是聲音，還包含口型、姿勢和情境等因素，需要許多感官的共同運作，因此感覺統合發生障礙的孩子常常有口齒不清的現象，他們無法將視覺和聽覺所獲得的訊息加以統合運作，因而造成無法精確表達的結果。雖然語言的發展還是以視覺和聽覺為主，但是對於很多視聽障礙的孩子，觸覺還是可以發揮輔助效用。
第三個階段	學齡前到學齡期，如果之前的發展未臻理想，孩子就很容易出現注意力分散（可能因為雙眼定焦力不足，姿勢一變化就轉移焦點）、攻擊性行為（對觸覺訊息的過度反應，當他人輕輕碰觸，大腦便解讀成用力攻擊）、過動（大腦無法獲得足夠刺激，因此必須藉著動個不停，以保持大腦所需的刺激量）等，嚴重影響學習的症狀，進而影響孩子的自尊和自信心。

　　在嬰幼兒按摩的過程當中，不但提供豐富的觸覺、視覺和聽覺刺激，更有助於親子間親密感和依附感的形成，嬰幼兒按摩當中所包含的嬰兒瑜珈，也是促進寶寶雙側身體統合的良好運動，並且在此一課程當中，父母親被鼓勵去積極聆聽寶寶的哭泣，嬰兒較少被放著自己哭，間接地促成多抱孩子、多帶著孩子走動的依附感教養（attachment parenting）方式，對於寶寶的前庭平衡系統（vestibular system）大有助益，按摩的時候，父母親也被鼓勵一邊按摩一邊讓寶寶知道自己的身體名稱，並藉由不同部位卻相連的身體進行整合性的按摩動作（例如：連續性地從臀部按摩到大腿、小腿和腳），讓寶寶知道這些部位是相連的，這是在運用觸覺訊息幫寶寶的大腦建立一個身體的地圖，以增加身體自覺（body awareness），有助於本體覺的建立。

　　雖然是撫觸性的按摩，大多數寶寶都比較喜歡穩定一點的按摩力道，寧可緩慢，避免過於快速，尤其新生兒特別可以放慢速度。對於一些對觸覺比較敏銳的寶寶，可以運用比較堅定的力道取代太輕柔的手法，偶爾也可以用顆粒稍粗一點的軟毛巾為寶寶擦身體，因為堅定的力道和粗糙的表面刺激較能封鎖觸覺防禦反應，反之則易引起觸覺防禦反應。由此可見，嬰幼兒按摩對於寶寶的一生影響深遠。

親密感、依附感與嬰幼兒按摩

我不知道這個小孩怎樣憑空而來，
他可能讓我告別長久以來的搖擺。
帶他回來，給他一個溫暖的家，
每天晚上散一個小小的步，慢慢有人說那個小孩長得像我。
跟我一樣需要愛一樣的脆弱，
跟我一樣害怕孤獨和寂寞，
像我這樣的一個女人，以及這樣的一個小孩，
活在世界上小小一個角落，
彼此愈來愈相像，愈來愈不能割捨，
我也不知道這個小孩是不是一個禮物，
但我知道我的生活不再原地踏步，
陪他長大給他很多很多的愛，
讓他擁有自己的靈和夢，因為一個小孩是一個神秘的存在。

- 節錄自 齊豫〈女人與小孩〉歌詞 -

☆ 最原始的情感，親密感和依附感

自從全球第一位研究親密感和依附感的專家 Sir. John Bowlby 開始針對這個議題研究以來，已經有越來越多專家學者注意到親密感（bonding）和依附感（attachment）對於嬰幼兒發展的重要性。用馬可蘿女士的話來形容：「親密感（Bonding）是寰宇間的基本現象。用物理學的名詞來解釋，它是在產生微分子的能量場中被建立的。即使被分開，兩種能量分子也會臻至近似的迴旋，同步極化，兩顆臻至近似的人心細胞開始共同跳動。」

依附感（attachment）理論，則是基於相信親子間的親密感，為嬰兒發展的必要以及主要動力而來，藉此，嬰兒逐漸形成適應能力、人際關係能力和基本的人格發展。這種親密感和依附感可以在嬰幼兒按摩的過程中被建立，也被視為嬰幼兒按摩中最重要的一項好處。因此，我們傾向於將親密感和依附感當成相同的一件事，而不去特別檢視他們在學術上精細的差別性定義。

親密感和依附感是一種來自生物本能的力量，在自然界中，最危險的時刻莫過於生產過程。在面對天敵可能存在的威脅之下，增加哺乳類幼仔生存的機會，就是和母親親密相依偎的模式。現代人類的生存模式雖然和遠古人類不同，但我們的大腦發展還是留存了祖先的影子，畢竟幾萬年的歷史，如果從整個物種演化的全期來檢視，根本只是一瞬間的事情，尤其是攸關生存的物種本

能的部分,因此,我們的嬰兒在需要與人(在一般的情形下,特別指稱他們的生物母親)親近的習性,和遠古人類的嬰兒並無不同。

親密感和依附感的建立,從懷孕期間就開始了,從懷孕後期到寶寶 2 歲左右到達巔峰,懷孕期間的父母親,會親密的撫摸肚皮下的小生命,輕輕地跟未曾謀面的寶寶說話,這都是親密感和依附感建立的過程。父母親開始感覺和寶寶之間有著密不可分的關係,等到寶寶出生後,很多媽媽回憶起自己寶寶剛出生的那一刻,幾乎都會想起,當時想伸手摸摸心肝寶貝的感動,就因為觸覺在此時最能滿足親子之間生物天性的需要。接著,親子之間最密集的親密之旅,就此展開。此時此刻,親子之間物理距離的相接近是非常重要的,因為藉著親密的接觸,親子之間的關係才能順利開展。

瑪莉·卡塞特(Mary Cassatt)有一幅著名的畫作「哺乳的母親」(原作現存於芝加哥藝術中心),明顯地表現出親密感和依附感建立的具體畫面。畫作中可以清楚的看出,在這位母親和嬰兒之間的互動,包含了:眼神接觸、微笑、心音的聆聽、肌膚接觸、溫暖、愛、滿足、韻律、互動、幸福、擁抱、放鬆、

舒適、安全感、交流、嗅覺刺激、味覺刺激……等。其實，這樣的相同畫面可以在每一對哺乳的親子之間看見，在其他的嬰兒照顧活動，像是換尿布、洗澡、親子遊戲……等，也有相同的景象。

當然，在嬰兒按摩當中，更是可以看到這樣溫馨的畫面，特別對於無法親自哺乳的父親來說，嬰兒按摩更是父親和子女之間增進親情的好方法。

令人難以抗拒的寶寶

聲音和撫觸是造物主賜給脆弱哺乳類的幼仔，增加生存機會的本能工具，在動物界，很多動物的母親也常和寶寶交換低沉的特殊聲音（像大象），這種特殊的聲音，往往具有令人驚嘆的神奇生命力，身為靈長類的人類嬰兒，最顯著的則是用哭聲來引起母親的注意，這種哭聲在本質上，會引起父母親（特別是母親）生物性的焦慮和親近嬰兒的本能。許多父母，特別是剛生產完在哺乳期間的媽媽們，都是幾乎難以抗拒寶寶的哭聲，因為寶寶和媽媽天生早已被設計成要滿足彼此的需求，體內荷爾蒙的運作，也會依循著相同的生物性目標而產生。

☆ 性格決定於遺傳和環境養成

很多人都知道，寶寶的性格和各方面的發展，來自先天基因遺傳和後天環境的雙方面影響。但是，哪些是先天基因？哪些又是後天環境呢？一般人認為，在寶寶出生之前的因素是屬於先天的基因，在寶寶出生之後的因素則是屬於後天的環境，但是根

據神經心理學家們的研究，亞倫史寇爾教授（Professor Allan Schore）指出，大腦皮質在寶寶出生之後，還會因應環境增加 70% 以上基因的內容，換句話說，基因在生命的前兩年，仍會因為寶寶環境的改變而產生變化，所以先天和後天的影響是以一種更複雜的形式交互作用著。

在人類的大腦中，主管情緒發展的部位，稱為「邊緣系統」（limbic system），此系統包含了海馬迴體（hippocampus）和杏仁體（或稱為扁桃腺體 amygdala），可以說是人類情緒發展在大腦中的神經性座位，尤其是右腦更和寶寶的情緒發展息息相關。

近年來，由於醫學儀器的進步，神經學家已經證實腦部在運作時，特定的功能是由特定的部位所掌管，並用 PET 和 MRI 等儀器觀察到，特定的人類活動會讓大腦中某部位的代謝特別活絡，於是，科學家仔細觀察寶寶的腦部活動影片，發現當小寶寶和成人愉快互動時，腦部邊緣系統的特定位置活動會非常活絡，反觀，嚴重受虐或受忽略的寶寶，相同的

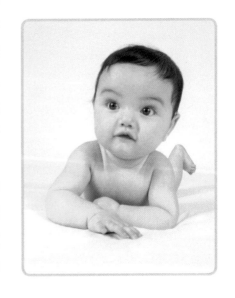

大腦部位不但沒有活動，甚至可能完全是個空洞，由此可見，後天的親子親密愉快的互動是會深刻的改變大腦結構，也是嬰兒情緒發展和大腦發展必要的要素，而在進行嬰幼兒按摩的過程當中，恰好能夠滿足這樣的需求。

☆ 依附感不足的問題寶寶

　　一般而言，在原始自然的環境當中，因為某些因素而被迫一出生就和母親分離的嬰兒或是其他哺乳類幼仔，幾乎無一倖免的難逃死亡的命運。在現代社會環境當中，卻有許多寶寶和媽媽早期分離，卻存活的例子，這些早期分離的例子，包括母親患病住院、父母離異、產後憂鬱致使無法照顧嬰兒、生下預期外的孩子（有特殊需要的孩子、早產兒、意外懷孕、青少年懷孕、寶寶特別難帶等因素）而無法走出危機循環，嚴重的還有遺棄、忽略和受虐兒等例子，這些孩子們雖然生存下來，卻具有高度危險會發展出依附感方面的問題。

　　依附感大致可以區分為，安全型和不安全型的依附感，不安全型的典形特徵是不穩定；包括了慾望強烈的行為、偏執、逃避反應、以及在母嬰關係上缺乏合作性的溝通。所有研究都指出，嬰幼兒時期依附感形成的困難，是青少年時期偏差行為，或是成人暴力行為的重要指標。然而在另一方面，安全型依附感顯示出，孩子以緊密建立的信任感和毫不猶豫的滋養反應和母親連結在一起。

跨領域的研究學者運用一
種陌生情境，來觀察孩子的依
附感發展，他們讓一個 12 個
月左右的孩子，跟著媽媽一起
進入一個陌生但是有趣（如有
新玩具）的新環境，讓孩子玩
了一會兒之後，一個陌生的成
人進入這個環境當中，過了一
會兒，陌生人開始和這個孩子
產生互動，然後請媽媽離開這
個環境，由陌生人再次去試圖
和寶寶互動，直到媽媽再次進
入這個環境為止。

研究者觀察不同時期孩子的表現，發現依附感發展正常的孩
子，在媽媽離開陌生情境時會顯得沮喪不安，甚至大哭，陌生人
的安撫通常是無效的，當等到媽媽再次進入時，孩子會出現明顯
的依附行為，並且在下一次媽媽要離開時產生焦慮，因為他們在
和媽媽互動的過程當中，相信自己是值得被愛的，也知道自己的
溝通和反應是會立即獲得回饋。反之，依附感發展困難的孩子，
在媽媽試圖離開陌生環境時，以及重新回來該環境時，並沒有太
大的差別反應，因為這一些孩子在情感互動經驗中早已學到，自
己的表達是無效的，應該獨立地處理自己的情緒焦慮問題，因為

即使哭，也不會獲得應有的回應。

☆ 腦神經發展的重要時期

　　加州大學洛杉磯校區（UCLA）醫學院神經心理學家亞倫史寇爾教授（Professor Allan Schore）認為，寶寶雖然天生具有感受豐富深刻感情的能力，但是他們卻無法「自律（regulate）」：把自己維持在一個心理平衡的狀態之下，他們缺乏管理這些情緒的強度和長度的技巧，如果沒有一位照顧者的協助，寶寶很容易會被自己的情緒狀態，像是恐懼、興奮和傷感所淹沒，因此和主要照顧者之間有良好的互動就很重要，少了這樣的互動，這些形成「壓力」的情緒就會破壞寶寶的平衡。

　　我們可以想像當一個媽媽把寶寶暫時放下來接聽電話時，如果時間拖太長，寶寶即會被悲傷的情緒所淹沒，不斷大哭，然後再引起身體的一連串連鎖反應。

　　最後，留存在寶寶體內的原始基因，就會像在大自然的環境當中一樣，為了避免寶寶過度耗費體力，使能量流失，便開始發揮生存的本能，迫使寶寶的機能停留在最基本的求生狀態，其他學習的機制則完全停頓。這也是為什麼在受忽略的受虐兒案件當中，寶寶的大腦神經通常都有所損傷的緣故，因為這些寶寶，都錯失了和主要照顧者互動時，腦神經發展的黃金時期。

☆ 認識依附感教養

在知道親密感和依附感的重要性後，開啟了一種特別的教養方式，稱做依附感教養（attachment parenting），又稱為和平教養（peaceful parenting）。其教養方式包含懷孕時期和生產期間多吸收相關知識、出生之後母嬰立刻共處哺乳、減少母嬰分離、多抱孩子、在孩子哭泣時盡早給予孩子回應、使用揹巾、與孩子共睡、哺餵母乳、進行嬰幼兒按摩……等，都屬於這種教養方式的一環。已經有越來越多的家庭，開始實行這種對嬰幼兒發展有利的教養方式。

國際依附感教養組織(Attachment Parenting International，API)更以專屬網站，介紹依附感教養的理論基礎和做法，並且以實務的方式，介紹了八種針對嬰幼兒的理想教養方式，和八種針對學齡前兒童的理想教養方式。這種依附感教養，不該只是眾多教養方式的選項之一，而是一種符合人類生物本能中最佳發展狀態的育兒方式，而嬰兒按摩，在這方面的教養方式中，扮演舉足輕重的角色。

Chapter 2
享受按摩的歡笑時光

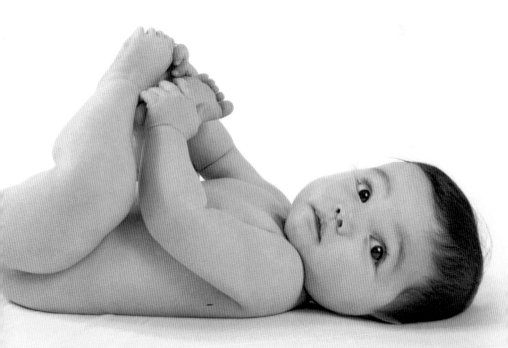

嬰幼兒按摩的準備

輕輕搓搓手中的油脂，
窸窸窣窣的聲音伴著你的低吟呢喃，
昏黃的光線下，我看得到你滿足的笑靨，
準備按摩了嗎？我最親愛的寶貝。
空氣中幸福的溫度讓我額角微微冒汗
我最大的期待就是和你的眼神交換，
熟悉的音樂又輕輕響起，
這樣的情景我再老也不忍忘去。

作者 鄭宜珉

　　從寶寶出生的那一刻起，就可以幫他按摩了，寶寶柔軟細緻的肌膚有種魔力，讓人一碰上便眷戀地再也離不開，同時也是消除壓力辛苦的最佳良方。按摩的過程當中，應該一切以寶寶的反應為主，每個寶寶喜歡按摩的時間、地點、力道……都有所不同，需要父母親細心的觀察注意。不過，準備一個舒適的按摩環境和熟悉的場景，是利於按摩的不變原則。

　　家裡或是寶寶平常熟悉的地方，都是為寶寶按摩的最佳場所，由於家中充滿著寶寶熟悉的氣味和場景，可以為寶寶帶來較高的

安全感，因此在帶寶寶參加嬰幼兒按摩的課程時，講師也會鼓勵爸媽準備一條寶寶常用的大浴巾，把家裡的味道帶到上課的場所，增加寶寶的熟悉度和安全感，甚至有些講師也願意提供到府教學的服務。

在古老的印度，母親們喜歡把寶寶帶到戶外空氣流通良好的屋簷下，伴隨著自然的美景和陽光清風，在如茵的草地上為寶寶按摩，由此可知，軟質的地板是一個幫寶寶按摩很好的地點選擇，一方面可以發揮懷古思情，一方面也可以考量到安全的需求，特別是在寶寶已經學會翻身和爬行之後更為重要。當然，按摩者的舒適、放鬆程度也很重要，爸爸媽媽越放鬆，就越能享受為寶寶按摩的樂趣，也越能傳達給寶寶愉悅的情緒訊息。

☆ 場地、燈光、溫度、音樂，能為寶寶按摩加分

我們知道，寶寶對於事物的情緒認知，是來自於觀察爸爸媽媽的情緒反應，舉例來說，害怕蟑螂的媽媽，寶寶多半也會害怕蟑螂，這是因為寶寶的情緒學習來自於父母，看到媽媽每次面對蟑螂的驚恐表情，寶寶在耳濡目染下，認同這隻有著棕色觸鬚動物是令人恐懼的，所以媽媽若在按摩的過程當中，無法自我放鬆，或是採取不舒服的姿勢，即使口中說著請寶寶放鬆的字眼，聰明的寶寶還是可以從媽媽皺眉的表情，將按摩解讀成是一件令人緊張的事情。所以，除了讓小寶寶以最舒服的姿勢接受按摩之外，

媽媽也可以運用一些軟墊或是靠枕支撐自己，讓自己也能夠獲得徹底的放鬆。另外，不用太執著於手法的正確 或是按摩的順序，只要找到自己和寶寶最愛的方式，就是最好的按摩方式。

場地：

有些媽媽剛開始為寶寶按摩時，會有些不必要的擔憂，擔心自己的按摩會不會做錯？擔心餵奶時間快到了，按摩做不完怎麼辦？這些擔心往往會不自覺地呈現在臉上，而寶寶可以說是全世界最敏銳的物種，很快地就能察覺媽媽的壓力訊息，但是卻無法確切理解這些壓力的起因。很多父母親都曾反應，若他們在按摩前心情較為緊張時，寶寶就比較容易在按摩中途開始哭泣。

嬰兒按摩沒有一定的規則，只要寶寶喜歡，就是正確的按摩，不論是在床鋪上或是桌面上為寶寶進行，如果寶寶喜歡，當然也是好選擇，但仍值得再提的，安全方面的考量永遠都是第一要務。

燈光：

選定了一個對於寶寶和按摩者都能感到舒適的場景之後，接下來要注意的就是光線的柔和程度，由於多數寶寶在接受按摩時都是躺著的，若天花板上有直射的明亮燈光，從寶寶的角度來看，會是非常強烈不舒服的刺激，因此最好能夠調整成柔和昏暗的光線，亮度大約與夜燈相同，或是用來閱讀會相當吃力的昏暗度。

溫度：

　　過低的溫度會引起壓力反應，而溫暖的溫度則會促使放鬆，按摩時，寶寶新陳代謝加速，加上在按摩時寶寶身體是光溜溜的，毛孔也會張開，所以最好能保持溫暖的室溫，一般大約是攝氏 25 ～ 28 度，但由於每個人對於溫度的感受都不同，其溫度感約是成人穿著薄長袖會感到微熱的溫度。

室內可以保持通風，但是避免直風對著寶寶吹，為預防寶寶著涼，夏天盡量不要使用空調，如果要使用，也要控制溫度。冬天可以使用暖氣設備，提高室內溫度。

音樂：

　　對寶寶來說，媽媽或爸爸低語的聲音或是輕聲歌唱都是最好的音樂，因此在為寶寶按摩的過程當中，爸爸媽媽可以一邊唱著寶寶喜歡的搖籃曲或童謠給寶寶聽。這些搖籃曲和童謠以旋律簡單、重複性高的為佳，一方面可以幫助寶寶腦神經的連結，給予寶寶語言刺激，加強寶寶的穩定節奏感，一方面也可以加強親子感情，但是如果爸媽對於自己的歌聲感到不自在的話，也可以播放音樂來營造舒服、放鬆的氣氛。選擇的音樂以輕音樂為主，聲

音不要過大，寶寶在胎兒期間常聽的胎教音樂是不錯的選擇；寶寶喜歡的古典音樂，或是市面上販售的情境音樂及特定樂器的音樂，都可以拿來運用。

嬰幼兒按摩中，有一首經典的按摩音樂，名稱叫做「Amitomake」，是全球人類共享的一首印度搖籃曲，旋律之中帶有一股舒緩、安定的力量，很能引導按摩者和寶寶放鬆，也是印度的婦女在為寶寶按摩時普遍吟唱的樂曲，歌詞不斷重複，A-mi-to-ma-ke-，Bala Bashi，baby（或是以寶寶的名字代用），辭意是單純的"我愛妳，寶寶"。像諸如此類的音樂都可以選來做為按摩時的音樂，並且最好每次按摩都選用相同的音樂，成為一種美好的制約作用，讓寶寶一聽到音樂就知道要按摩了，據很多媽媽敘述，曾經擁有美好按摩經驗的寶寶，當聽到音樂一響起，常常就能夠從毛躁的狀態安靜下來，靜靜躺著，身體開展，甚至微笑，開始準備好要再次享受按摩的親密之旅。

按摩前的三大要點

一、排除干擾按摩的元素：

按摩之前，按摩者一定要修剪指甲和洗手，過長的指甲容易戳痛寶寶，對需運用指腹按摩的方式也不甚方便，洗手則能夠保持清潔與衛生。另外，按摩時爸媽的服裝以吸汗輕便為主，有利於肢體活動伸展，寶寶則不需穿著任何衣物，包含尿布都可以考慮暫時脫掉，因為按摩有助於寶寶整合整個身體的感覺，不穿尿布可以促進整合活動的有效性和方便性，但由於寶寶在按摩時是處於放鬆的狀態下，也特別容易尿尿，甚至便便，尤其在腹部按摩之後，因此多準備幾條毛巾覆蓋住自己的衣物是有必要的。

為了給予寶寶最愉快舒適的按摩經驗，爸媽在按摩前得先將手上或是身上的飾品，包含手錶、戒指、手環、項鍊⋯⋯等卸掉，因為這些飾品在按摩時，會成為打擾寶寶的干擾物，如果穿著長袖衣物也最好能夠向上捲起，讓寶寶感受和你之間肌膚相連的美好觸感。按摩時沒有一定運用的部位，手指、手心，甚至手背都是很好的運用部位，身體手部有障礙的爸媽也可以運用其他的肢體部位來做，唯一的運用原則就是，提供越多的皮膚接觸經驗就是越好的按摩。

二、徵詢寶寶的同意：

　　進行嬰兒按摩的最佳人選，除了家庭中的成員，像是爸爸媽媽、爺爺奶奶等主要照顧者外，寶寶的哥哥姐姐們，或是還有其他的主要照顧者，像是保母等，也可以在父母親同意的前提下為寶寶按摩。如同主要照顧者最好由固定數人扮演一樣，為寶寶按摩也最好由固定照顧者擔任，並且在按摩的時候，一定要徵詢寶寶的同意，因為按摩本身也是對於寶寶的一種身體教育，讓寶寶知道未經他的允許，任何人不得任意碰觸他的身體，建立寶寶身體自主權的概念，學習自我保護的第一課。

　　徵詢同意本身也是一種「制約」技巧的應用，讓語言能力還沒有充分成熟的嬰幼兒，能因為重複的感官資訊（視覺、聽覺、觸覺……等）了解接下來即將進行的一切。

三、按摩的最佳時機：

　　按摩最好的時機在寶寶處於安靜清醒的狀態時，Brazolton博士將寶寶一整天的意識狀態分為六個主要的階段：

深睡	淺睡	轉換狀態
寶寶睡得安穩，很少肢體活動、不容易叫醒、對刺激無反應。	寶寶有較多的肢體活動、眼球快速活動、呼吸比較不規律。	將醒未醒，眼睛開開闔闔，很容易又睡著。
安靜清醒	活動清醒	哭泣
寶寶完全清醒，身體活動少，和成人互動佳，新生兒常常會在熟睡前處於這種狀態。	寶寶有大量身體活動，爬行、走動、比較容易過度刺激。	

　　爸媽應該盡量選擇在寶寶安靜清醒的狀態，為寶寶進行按摩，此時期是寶寶最能吸收接受刺激，也是腦部活動頻繁的時期，這時候幫寶寶按摩成功的經驗也最多。同時，選擇在此狀態之下為寶寶按摩，也可以延長寶寶安靜清醒狀態的時間，對父母和寶寶雙方是雙贏的結果。

　　但是，何時才是寶寶安靜清醒的時刻呢？每一個寶寶都不一樣，需要父母或是主要照顧者細心觀察，有些寶寶是在早上睡醒，喝完奶之後的 30 分鐘左右；有些寶寶則是在洗澡前後；而有些寶寶則會在睡前進入安靜清醒的狀態，當然還有些寶寶的安靜清醒狀態是在其他時間點，就要靠父母親多觀察，做判斷囉！

寶寶不適合按摩的時機：

寶寶哭的時候	寶寶剛吃飽的 30 分鐘之內	睡眠時期
寶寶的哭泣代表了很多意義，通常都有一些生理性或是心理性的需求等待被滿足，因此這個時候，父母親應該先滿足寶寶的立即性需求，而不是不顧寶寶的感受，繼續按摩。	特別是腹部的按摩，容易造成寶寶的不舒服或吐奶。可以稍待一會觀察寶寶反應再進行。	因為在睡覺的時候，寶寶無法和爸爸媽媽互動，因此按摩無法發揮任何作用。

☺ 按摩油的選擇 ☺

按摩時最好能使用按摩油，在古老印度，媽媽會用當地盛產的椰子油為寶寶按摩，在台灣的老奶奶則會使用麻油為新生兒按摩，地點的不同，所運用的油品也不一樣。按摩油可以發揮減低按摩時候摩擦力的功用，同時，藉由皮膚的吸收功能，也可以吸收到油脂中的不飽和脂肪酸，發揮修復皮膚的效果，至於哪一種按摩油適用於嬰幼兒按摩呢？

一般在選擇上有四個原則，植物性、冷壓和無香味、可食用的按摩油。

一、植物性：

由植物中所萃取出來的油脂，例如：杏仁油、杏桃仁油、橄欖油、葵花油、葡萄籽油、酪梨油……等，因為這些植物油的分子比動物性的油脂小，較有利於皮膚的吸收，由於皮膚不僅僅扮演了排泄器官的角色，也是一項重要的吸收器

官，因此，任何要塗抹於皮膚的物品，最好都是可食用的，而市面上的各種食用油（超市或是食品店當中所販賣的）也是做為寶

寶按摩油的最佳選擇。

一般而言，杏仁油和杏桃仁油，這兩種油品分子最小，也是質地最細緻的油，容易為寶寶的皮膚所吸收，也常常添加於保養品當中，因此可以供父母親參考。

過敏寶寶的按摩油

對於皮膚有過敏現象的寶寶，要避免使用會造成寶寶過敏的植物所提煉出的油脂，例如：寶寶如果對花生過敏，就不要使用花生油來做為按摩油，尤其家族中有過敏史的寶寶，在選用按摩油時，最好使用單一的按摩油，當過敏發生的時候，比較容易找出過敏原。建議在使用新的按摩油時，最好先在極小的皮膚範圍滴用，如果沒有出現紅腫的現象，才繼續使用。

對於沒有過敏歷史的寶寶，不同的油脂因為不飽和脂肪酸的含量不同，爸爸媽媽可以嘗試混合不同的按摩油使用，通常 1/3 的濃稠油脂（例如：橄欖油）和 2/3 的稀薄油脂（像是葵花油）就是一種很好的組合。

然而，若有異位性皮膚炎的寶寶，在使用任何油脂之前，都應該先小範圍嘗試。

二、冷壓油脂（cold pressed）：

冷壓油脂對於飲食文化中，鮮少直接運用未烹煮的油脂來製作菜餚的台灣家庭而言比較陌生，但是在歐美的家庭幾乎都知道冷壓的油脂營養程度和品質都比較好，相對於冷壓油脂的是精煉（refined）的油脂，兩者最大的差異是在於油脂萃取的過程，冷壓油脂並沒有經過高溫的處理，是運用物理性的擠壓所產生的

植物性的油脂，而精煉的油脂則是利用高溫的化學方法，這種方法可以讓相同的植物榨取出更多的油脂，相對的價格較為低廉，但是營養成分也受到較多的破壞，甚至還會造成一定程度的化學變化。

市面上可以輕易分辨是否為冷壓油脂最好的例子就是橄欖油，由於橄欖油在飲食中被運用的歷史很長，也發展了精密的分級制度，因此可藉由閱讀標籤來判斷該油品是否為冷壓，只不過冷壓的油品價位也相對的較高。

三、無香味：

按摩油應該是無香味的。最主要的原因在於寶寶和媽媽之間建立關係的一項重要變因，就是彼此之間身上的氣味，這一種獨一無二的費洛蒙是親子關係的關鍵，我們常常看到視力還模糊的寶寶，或是剛睡醒未睜開雙眼的寶寶，一被非主要照顧者抱起，就拼命掙扎哭泣，但是一回到媽媽的懷裡就呈現出安祥和甜蜜，這就是氣味的力量。在按摩的過程當中，聞到彼此的氣味也是最重

萃取植物精華的按摩油，成分天然純淨、性質溫和，能全面潔淨、滋潤、呵護和寵愛新生兒、小孩以及準父母親的每寸嬌嫩肌膚。

要的過程之一，我們不希望有
任何外來，不屬於親子之間的
香氣打擾了這種嗅著對方彼此
體香的美好過程。

　　目前，市面上有很多寶寶
按摩油可供選擇，爸媽在選購
前，最好先注意是否含有礦物油（mineral oil）成分，因為礦物
油是一種在石化過程當中所提煉出來的副產品，它不會隨著時間
而有所變化，是一種沒有生命的死亡油脂（dead oil），這種油
脂成本低，身體無法吸收，若寶寶在按摩時因為吸吮手腳而不小
心進入體內，跟脂溶性維他命 A、D、E 等結合，不但不能促進
吸收，反而還會因為油脂與這些維生素結合，將維生素流出體外。
另外礦物油會阻塞毛孔，抑制皮膚的呼吸，在起初使用的時候，
會暫時性的將水分覆蓋在皮膚上，使皮膚變得柔軟，當礦物油一
旦揮發完畢之後，也會一併將水分帶走，使得皮膚變得更加乾燥，
而需要再次使用，這一種皮膚表面的惡性循環並不會改善皮膚的
狀況，特別是異位性皮膚炎的患者，礦物油會讓皮膚炎情形更為
惡化，礦物油的另一個代名詞是凡士林，因此不管是嬰幼兒或是
成人，對於皮膚產品的選用，包含按摩油、乳液、護脣膏……等，
最好都使用天然的成分。

四、可食用：

人類的皮膚是最大的吸收器官，任何可以經由皮膚吸收的油脂，品質必須和食物篩選的標準一樣，讓寶寶在按摩的過程當中，皮膚能夠把按摩油當中的營養成分攝入身體，避免化學性、對身體會產生負擔的物品，更要避免無法吸收，會造成阻塞的按摩油。嬰幼兒在接受按摩的時候，更常出現的一個情形是把手放在口中舔舐和吸吮，這是嬰幼兒在按摩時候一種增加自我規律性的正常正面行為，家長不需要加以制止，但是應該確保寶寶手上的油脂是完全可以食用的。

如何分辨按摩油

因為使用的是一種"活的"天然的植物油，它會隨著時間的流逝產生質變。換言之，它是一種會腐敗的油，因此在使用按摩油之前需注意：閱讀保存期限之外，最好都能聞聞看氣味，變質的油脂在氣味上都分辨的出來，所以不會有誤用的危險，但是萬一添加了香味，不管是化學的香味，或是天然的香味，都會掩飾了腐敗的氣味，徒增使用上的危險，因此應該盡量避免。有些爸媽會詢問是否可以在按摩時為寶寶使用芳香精油療法，對於 12 個月內的寶寶，由於上述的原因，答案顯而易見。至於 12 個月以上的寶寶，父母則應該諮詢專業人士，才決定是否要讓寶寶使用芳香精油。

按摩手法

大拇哥，二拇弟，三中娘，
四小弟，小妞妞，
手心、手背、心肝寶貝！

~民間手指搖~

　　要開始按摩了喔！雖然我們強調嬰幼兒按摩最重要的觀念在於撫觸，按摩的手法不是唯一的核心，但是，我們還是發展了一整套運用多年的按摩手法，可以幫助親子之間的撫觸更有效率，功能更加顯著。

❶ 放鬆 relaxation

・準備動作：修剪指甲，洗淨雙手，選擇寶寶熟悉的空間、地點，將燈光調暗，設定室溫，播放特定的音樂，將寶寶的毛巾鋪放在平坦的表面上，運用毛巾的一側輕輕地蓋在自己的衣物上，雙腿向外伸直，讓寶寶躺在兩腿之間的空間，或是兩腿伸直，腳踝交疊，讓寶寶躺在雙腿所形成的 "小搖籃" 上，要注意寶寶的身體是否懸空。

接著開始進行自我放鬆，放鬆的方式很多，其中「腹式控制呼吸（belly controlled breath）」是常用的呼吸法，可以讓寶寶躺在原地聆聽媽媽的呼吸聲，或是把寶寶抱在胸前，一起感受胸腔吸吐的起伏，呼吸的時候由鼻子吸氣，嘴巴吐氣，盡可能放大呼吸的音量，藉以制約寶寶，感受媽媽的放鬆情緒。

· 練習呼吸：將背部微微挺直，眼睛微閉，想像能量隨著空氣進入體內，為身體啜飲之後再緩緩呼出；或是摹想寶寶平日可愛的模樣，深深吸一口氣，接著吐氣，然後再深深吸一口氣，吐氣時頭頸慢慢往前點，接著吸氣頭回到中央位置。再吐氣，頭往後點，吸氣頭回到中央。吐氣頭往側邊點，再一次吸氣頭回到中央。吐氣頭往另一側，然後吸氣聳起雙肩，吐氣肩膀放鬆，重複一次吸氣聳肩和吐氣肩放鬆，感覺徹底放鬆了就可以睜開雙眼，開始幫寶寶按摩了。

❷ 徵詢寶寶的同意 asking for permission

· 預備動作：把手上、頸上或身上所有的飾品全部移除，幫寶寶把衣服尿布都脫掉之後，在手心上滴上硬幣大小的按摩油，按摩油寧可多不要少，因為過多的油脂可以讓皮膚或是毛巾吸收，若是油脂過少則容易增大摩擦力，造成寶寶不舒服。

• 徵詢同意：將按摩油在雙掌中搓揉，靠近寶寶的耳邊，讓寶寶聽到按摩油在掌間窸窣窸窣的聲音，看著寶寶的眼睛，稱呼寶寶的名字，用固定的字眼問他說：「"寶寶"（以寶寶的名字替代，以加強寶寶的自我概念）現在可以幫你按摩嗎？」

接著雙手由上往下輕撫寶寶的雙腿，開始跟寶寶最初的身體接觸，整個過程不但是在於徵詢寶寶的同意，也是制約寶寶的方式，讓寶寶建立起這些線索就表示要開始按摩的意思，滿足寶寶對於規律性和可預期性的需求，徵詢寶寶同意是嬰幼兒按摩最重要的特色之一，表現了對於寶寶身體的尊重，這樣的理念也反映為何講師不能在課堂上為寶寶按摩的深層哲理，我們不希望造成寶寶認為任何人都可以觸碰他身體，甚至這種觸碰感還是很舒服的錯覺，這並不是良好的身體教育。

• 判斷寶寶的感覺：徵詢寶寶同意時，要從寶寶的身體線索來判斷寶寶是否願意接受按摩，寶寶如果呈現開放式的身體姿勢，和爸媽保持眼神接觸、微笑、發出呢喃般的兒語、身體放鬆，就是願意接受按摩的表現。

不願意的線索，則包含了緊繃的肢體、毛躁的扭動，或

是最明顯的哭泣，此時如果仍堅持為寶寶按摩，所傳達的訊息就是「不管你的感受如何，我都要碰觸你的身體」，這是不尊重的表現。此外，寶寶哭泣時，表示一定有生理或心理上的不舒服，這時候為寶寶按摩很容易讓寶寶將按摩和這些不愉快的感受相連結，這並不是嬰幼兒按摩所要達成的效果。徵詢寶寶的同意本身也是一個制約的過程，因此每一次最好都使用相同的關鍵用語，例如：一定會提到「按摩」兩個字，逐漸地，寶寶就能夠體會這個過程就是要按摩的開始，也能夠更清楚的表達出自己是否願意接受按摩的意願。

腿部和腳部按摩
Legs and Feet

　　第一次讓寶寶體驗按摩這項美好的經驗時，腿部是最佳的開始部位，由於腿部外伸於身體的主要軀幹之外，沒有和非常重要的主要臟器相連結，因此較不敏感。通常爸爸媽媽也常常逗弄寶寶的雙腿來表現親愛之意，所以寶寶的腿部常常包含許多愉快的觸覺記憶，說明了一開始為寶寶按摩時，腿部是一個非常合適的部位。

印度擠奶法 Indian Milking

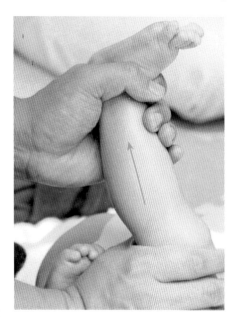

舉起寶寶的一隻腳，讓自己的身體和寶寶的距離越近越好，一隻手握著腳踝，一隻手由臀部向腳踝的方向緩緩觸按。接著換手支持著腳踝，再由另一隻手從接近鼠蹊的部位往外向腳踝觸按，就這樣子兩手輪流進行數次，找出自己和寶寶的身體韻律，以最適當的節奏進行。此種印度擠奶法就是前面所提及的印度式按摩（離心式按摩）的一種。這個按摩方向上，和腿部肌肉束方向平行。

擁抱滑轉法 *Hug and Glide*

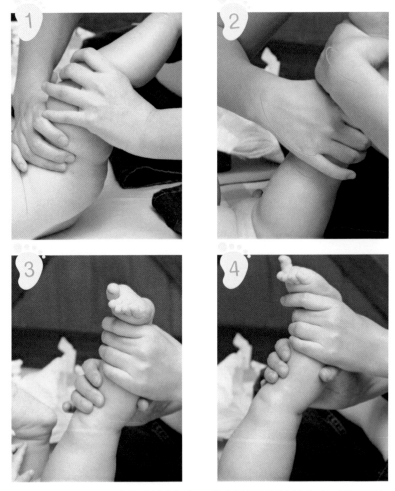

雙手一上一下擁抱住寶寶大腿的根部，寶寶腿部面積比較小時，雙手可以微微交疊，運用手肘的開闔帶動手部往小腿的方向逐漸滑轉，雙手要隨時保持在關節的同一側，每一次都從大腿根部開始，緩慢而規律的往腳踝方向進行。這個按摩在方向上，和腿部肌肉束方向垂直。

拇指連續推按法 *Thumb over Thumb*

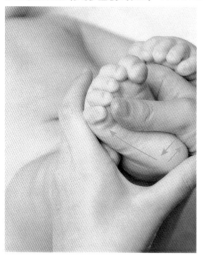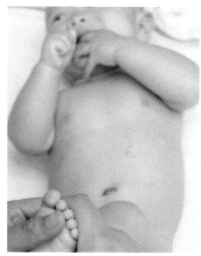

拇指放在腳底,從腳跟的方向往腳趾的方向以及分別往兩側的方向推按,兩手拇指連續進行。

腳指揉捏法 *Toe Roll*

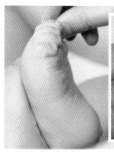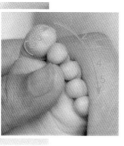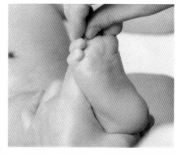

針對每一根腳趾頭,從根部開始往頂端滾動揉捏,還可以每揉捏一根腳指頭就跟著數數,寶寶會逐漸建立數量的概念,知道自己有幾根腳指頭。當然,爸爸媽媽會用一種以上的語言數數,也可以每一次都用不同的語言數數,讓寶寶從小就有機會親身體驗不同語言的作用。等到寶寶已經很熟悉這一種按摩方式時,還可以運用常聽的手指謠,一邊按摩一邊增加互動的樂趣。

C 字型腳心擠按法 *Press Balls of Foot*

把寶寶的腳底想像成有兩顆小肉球，一顆小肉球在接近腳趾比較肥厚的位置（這是胸腔的反射區），一個小肉球則在腳跟多肉處（這是骨盆腔的反射區），用拇指和食指形成一個 C 字型，先用拇指支持著腳跟，用食指先勾住靠近腳趾的一顆球，以幫浦式的方式由食指往拇指的方向壓動數次，接著食指移動到第二顆小球，扣住小球，以相同的方式壓動。

拇指點按法 *Thumb Press*　腳背推按法 *Top of Foot*

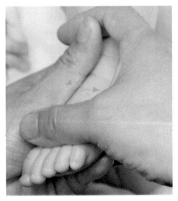

支持著寶寶的腳部，用拇指在寶寶的腳底像走路一般的點按，點按的範圍要包含寶寶整個腳底。

雙手支持寶寶的腳踝，輪流以兩手的拇指從腳尖往腳踝的方向以及往兩側推按，緩慢而有韻律的進行。

腳踝旋轉推按法
Circles Around Ankle

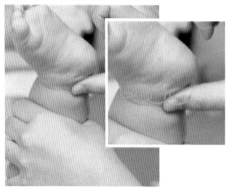

一隻手支持著寶寶的腿部，另一隻手則以手指頭，環繞著腳踝四周，用指腹旋轉的方式畫小圈圈。這個按摩能促進免疫系統的活化。

滾動搓揉法 Rolling

用雙手手掌握住寶寶的大腿根部，雙手前後滾動逐漸向上到寶寶的腳踝，這是多數寶寶最愛的按摩手法之一。

瑞典擠奶法
Swedish Milking

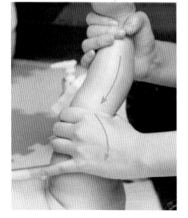

瑞典擠奶法的手法和印度擠奶法十分相似，但是方向完全相反，前者屬於離心式的印度式按摩，後者則是屬於向心式的瑞典式按摩。用一隻手支持著腳踝，另一隻手由腳踝向臀部的方向緩緩觸按。接著換手支持著腳踝，再由另一隻手從腳踝往下，向接近鼠蹊的部位觸按，就這樣子兩手輪流進行數次。同樣要找出自己和寶寶的身體韻律，以最適當的節奏進行。這種瑞典擠奶法就是前面所提及的瑞典式按摩（向心式按摩）的一種。

　　腳底的所有按摩都可以被歸類於反射法，按摩腳底時，有些寶寶會有哭泣的敏感反應，多數都是由於在新生兒時期曾經因為各種原因而接受過腳底的注射，使得腳底留存著負面的撫觸記憶（針筒注射），因此會感到敏感，這時候可以運用靜置撫觸（Still Touch）的技巧，把手輕輕放在寶寶的腳底，等到寶寶已經適應這樣的撫觸之後，再繼續進行。

腿部按摩結束：

　　當一邊的腿部和腳部按摩完畢之後，可以再加一點按摩油在手掌上，摩擦生熱，在這個過程當中，手部保持和寶寶的肢體接觸，一直持續到按摩結束後才讓手離開寶寶，讓寶寶透過觸覺清楚地知道按摩仍然在進行當中，接著以相同的方式按摩另外一邊的腿部和腳部，當兩邊的腿部和腳部都完成按摩之後，把雙手放在寶寶的臀部，一起旋轉、推畫小圈圈，讓臀部放鬆，接著由臀部往大腿、小腿及腳部的方向按摩，藉以統合寶寶身體的感覺，讓寶寶感覺到自己的雙腿和雙腳是由臀部和軀幹相連結的，同時還可以一邊告訴寶寶這些身體部位的名稱，包含臀部、大腿、小腿及腳部，以增加寶寶的身體自覺（body awareness），這也是一種整合的按摩。

腹部按摩
Stomach

　　接著要按摩腹部了，先在手上加一點按摩油，手部仍保持不離開寶寶，等到摩擦生熱之後，雙手輕放在寶寶的腹部進行靜置撫觸，由於腹部內有很多重要的身體器官，需要多一點時間才能適應撫觸的經驗，因此應該先進行靜置撫觸，而在靜置撫觸的同時，可以叫寶寶的名字，增加他的自我意識，並且說明按摩部位的名稱，像是：「"寶寶"（以寶寶的名字取代），這是你的腹部，我現在要幫你按摩你的腹部了喔！」在開始按摩之前，需先了解腹部的位置是指寶寶身體中間以下柔軟的部位，所有的腹部按摩動作都是在這個區域之內進行。

水車法
Water Wheels

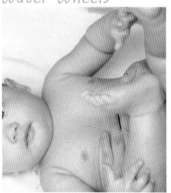

雙手輪流由寶寶身體的中央部位開始往下按摩，像水車葉片拍打水面一樣交替進行數次。

抬腿單手水車法
Lift legs-Water Wheel

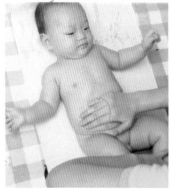

當爸爸媽媽意識到寶寶的腹部比較緊繃時，可以用單手把寶寶的腿部往腹部的方向抬起，藉以放鬆寶寶的腹部，然後用另外一隻手單手進行水車法的按摩。

拇指雙側分推開卷法
Thumbs to sides

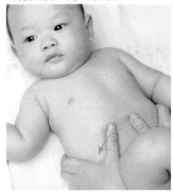

在寶寶肚臍的上方，肋骨下方的柔軟處，用手指指腹從中間往兩側分推，彷彿正在翻開一本新書的扉頁一般，連續進行數次。

手指走路點按法
Walking

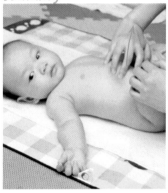

用右手的指腹在寶寶的肚子上緩緩地倒退行走，從寶寶的右側到左側。目的在於檢查一下是否還有造成脹氣的小氣泡或是積在肚子的便便。

日月法 *Sun and Moon*

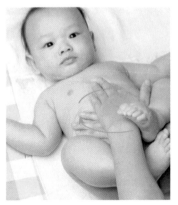

此按摩手法正符合腹部腸胃道生長的方向，在腹部由右側到橫向到左側，順時針的方向有往上的升結腸、橫向的橫結腸和往下的降結腸，在進行此按摩時，先一隻手以順時針方向在腹部不斷以畫圓的方式按摩，當做"日"來看，接著右手加進來，仍然以順時針的方向，從9點鐘往5點鐘的方向畫半圓，這是月的運行，就這樣不斷的日落月升，將寶寶腹部的脹氣和廢物逐步由升結腸推向橫結腸，再接著推向降結腸，以幫助寶寶順利排出。此手法需要比較多的雙邊協調能力，可以多加練習。

我愛妳按摩法 *I-LOVE-YOU*

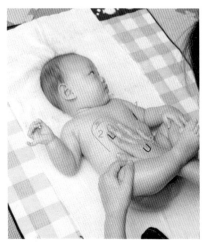 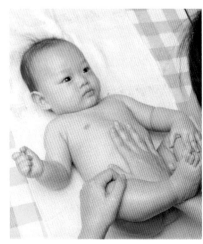

在寶寶的左側腹部用手畫寫一個大寫的英文字母 I，然後從寶寶的右側腹部到左側腹部轉折畫寫一個倒寫的英文字母 L，象徵 Love，接著從寶寶的右側腹部下方開始，順著腸胃生長的方向畫寫一個倒寫的英文字母 U，象徵 You，一邊進行這個按摩時，可以一邊看著寶寶的眼睛，真誠的告訴寶寶：「I Love You」。這也是全世界成千上萬，曾接受過按摩的寶寶最愛的方式之一。

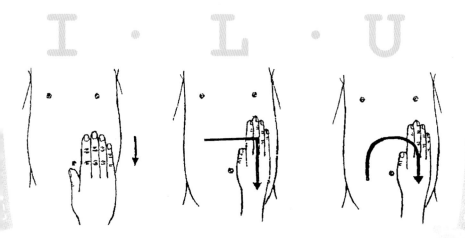

胸部按摩
Chest

技巧
3

　　接下來按摩胸部，先在手上加一點按摩油，手部還是要保持不離開寶寶，摩擦生熱之後雙手輕放在寶寶的胸部進行靜置撫觸，胸部和腹部一樣，有很多重要的身體器官，需要多一點時間適應撫觸的經驗，因此也應該先進行靜置撫觸，跟寶寶說：「"寶寶（的名字）"，這是你的胸部，我現在要開始幫你按摩你的胸部了。」胸部的位置是指寶寶身體的中間以上較堅硬的部位，所有的胸部按摩動作都在這個區域之內進行。

開卷法 *Open Book*

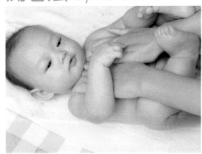 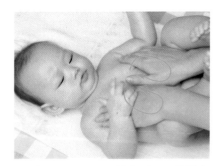

雙手由胸部中央向外按摩，如正在打開一本新書的扉頁一般，接著手不要離開寶寶的身體，往下像畫一顆心型般來到胸部下方的中心點後，再往上回到開始的原點。雙手看起來就像在寶寶的胸部不斷重複畫心型一樣，但是這個按摩的重點是在胸部中央向外開展的動作，其餘的動作都是為了保持雙手不離開寶寶的胸部，因此動作較輕。

蝴蝶法 *Butterfly*

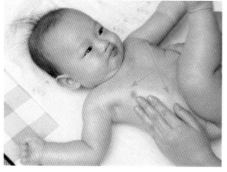

雙手先放在寶寶身體的兩側，一隻手向上往對角的肩膀按摩後按壓一下肩頭，然後再順勢回到原點，接著換另外一隻手，重複相同的動作，向上往對角的肩膀按摩後按壓一下肩頭，然後再順勢回到原點，可以重複數次，重點在於往上到對角肩膀的動作，回來時候的動作較為輕緩些。

胸部按摩結束：

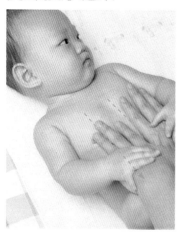 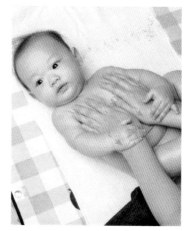

當胸部按摩完成之後，可以為寶寶再一次進行身體感覺的整合，由胸部向腹部、腿部及腳部進行撫摸，可以一邊撫摸一邊告訴寶寶這些身體部位的名稱，以建立寶寶的字彙和身體自覺程度。

手部按摩
Arms and Hands

　　手部按摩時，可以維持寶寶原來的姿勢，或是依寶寶的喜好而換成整個背靠著按摩者，臉向外的姿勢，這樣的姿勢不但可以給寶寶肢體接觸的安全感，寶寶的視野也更寬廣，特別是寶寶如果開始有一些毛躁不安時，姿勢的變換通常能讓寶寶再次安靜下來。按摩手部之前，要再加一點按摩油於手心，摩擦生熱之後開始進行按摩。手部的按摩和腿部及腳部的按摩有許多相類似的地方，因為手部和腿部都是屬於軀幹以外的四肢部位。

腋下點按摩 *pit spot*

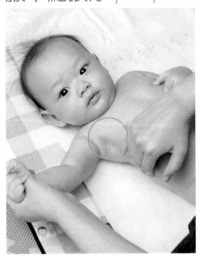

將寶寶的一隻手微微舉高，在腋窩柔軟處按壓，因為腋下富含淋巴系統，按摩有助於免疫系統的強化。大一點的寶寶如果拒絕這種按摩，也可以使用把手貼在耳朵一會兒再放下的「坐姿樹式」取代，也有類似的功能。

◀位置應該剛好在腋窩柔軟處，由上而下小範圍按摩。

印度擠奶法 *Indian Milking*   擁抱滑轉法 *Hug and Glide*

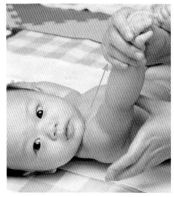 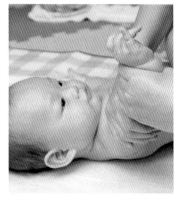

將寶寶的手舉起，一隻手支持手腕，另一隻手從肩膀處往外向手腕進行按摩，接著換手支持手腕，另一隻手則是由腋窩處往手腕按摩，兩手如此交替進行數次。

兩手上下交疊握住上臂的根部，如果寶寶月齡很小，手部面積不大的話，可以用幾隻手指來替代整個手掌，同樣運用手肘的開闔帶動手部往外滑轉，雙手隨時保持在關節的同一側，可以連續進行數次

手指揉捏法 *Finger Roll*

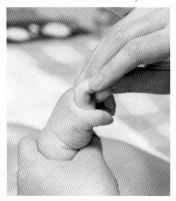

由於寶寶多數的時間手部都是握拳的姿態，在進行這一項按摩時，每一次都要從手心根部開始，向外順勢打開一根手指之後，滾動揉捏這一根手指並數 1，接著以相同的方式從手心根部開始，向外順勢打開第二根手指並滾動揉捏數 2，然後滾動揉捏第三根手指數 3，接下來滾動揉捏第四根手指數 4，最後滾動揉捏第五根手指數 5。中醫有個觀念：「小兒百脈，匯於手掌」。手部的按摩，能給予寶寶全身性的好處。

手背撫觸法
Top of Hand

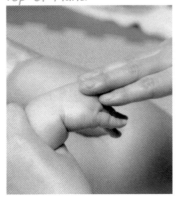

一隻手握著寶寶的手腕,另一隻手從手腕開始往手指的方向以及雙側的方向按摩,有助於放鬆寶寶手部的緊繃壓力。

手腕旋轉推按法
Circles Around Wrist

一隻手支持著手部,另一隻手環繞著手腕,以指腹畫寫小圈圈,依寶寶的狀況決定要按摩多少圈。

瑞典擠奶法 *Swedish Milking*

將寶寶的手舉起,一隻手握住手腕,另一隻手從手腕往內向肩膀處進行按摩,接著換另一隻手支持手腕,另一隻手則是由手腕往腋窩處按摩,兩手如此交替進行數次。

滾動搓揉法 *Rolling*

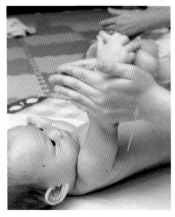
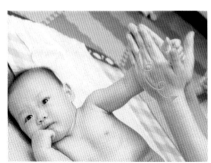

用雙手手掌握住寶寶的上臂根部，雙手前後滾動逐漸向上到寶寶的手腕處，可以重複幾次。

手部按摩結束：

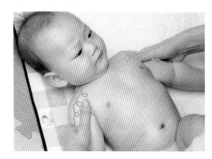

當按摩完一邊的手部後，同樣採取手不離開寶寶的方式再加一點油，按摩另一邊的手部，當兩邊的手部都按摩完之後，可以用雙手在肩膀上以畫圓的方式撫摸，然後往上臂、下臂和手部的方向按摩。同樣是在幫助寶寶建立更明確的身體自覺意識，知道身體各個部位的相對位置，雙手是經由肩膀和主軀體連結在一起的，最好一邊說出這些身體部位的名稱，讓寶寶大腦中的身體地圖更加清晰。

讓寶寶懂得放鬆

寶寶的手大多數的時間是握拳的，因此有時候會顯得比較緊繃。這個時候，我們可以運用撫觸放鬆法（Touch Relaxation）來協助寶寶學習放鬆，首先用手大範圍包覆住寶寶緊繃的部位（所有的身體部位都適用），輕輕搖晃並且跟寶寶說：「寶寶（的名字），放鬆，放鬆」可以拉長音調來強調放鬆，等到察覺寶寶開始放鬆時，立刻轉換語氣成為上揚的聲調，注意臉部表情要轉換成笑臉，並且告訴寶寶：「寶寶（的名字），很好，你做到了，好棒喔」。這是一種制約技巧的運用，請寶寶放鬆時就是給予寶寶明顯的訊息，讓他知道這是放鬆的時刻。

起初，寶寶不見得能立刻了解放鬆的訊息，但是輕微的肢體晃動有助於寶寶自然放鬆，當父母親從寶寶的身體訊息察覺到他開始放鬆時，就要明確地改變語調、表情和用字，讓寶寶知道這種感覺就是放鬆，因為寶寶本能上喜歡大人微笑的臉龐和微微上揚的語調，而這種改變提供了很好的正面回饋，幾次操作之後，寶寶就會學習如何自主的放鬆。

學習自主的放鬆，在寶寶往後漫長人生的運用上非常重要，特別是經歷壓力情境之下的自我情緒管理，簡單的例子像是面對重要的考試、看牙醫之前……等，能夠有效自我放鬆的人往往掌握較多成功的契機。尤其在憂鬱症已經正式成為 21 世紀最令人擔憂的文明病之後，嬰幼兒按摩或許能夠提供一個新的解決之道。

臉部按摩
Face

臉部按摩，並不需要再加任何的按摩油，因為寶寶的臉部是一個很小的區域，先前按摩在手上所留下的按摩油已經足夠了。如果過多的油脂流入眼睛，對於寶寶來說將會是個不愉快的經驗。按摩臉部有個小秘訣，就是按摩者的臉要盡量貼近寶寶的臉，並且避免極輕的手法，因為對有些寶寶來說，臉部並沒有常被碰觸的經驗，過輕的手法反而容易引起觸覺防禦的反應。一般說來，堅定的手法（firm touch）能封鎖住觸覺防禦的反應。爸爸媽媽可以先在自己的臉上測試，然後帶著微笑的臉龐、愉快輕鬆的心情和耐心的態度，開始進行按摩，相信寶寶一定也能感受到這樣的愛心而滿懷期待。

前額開卷法 *Open Book*

雙手從前額的中心往外如同翻開一本新書般按摩，盡量不要遮住寶寶的眼睛，因為寶寶還沒有建立物體恆存（Object Permanence）的概念，遮住眼睛反而會讓寶寶誤以為爸爸或媽媽不見了，而稍稍緊張。可以視寶寶狀況，重複幾次這個動作。

眉心分推法
On Top of Eyebrow

運用手指從眉心間往外，順著眉骨按摩。眉毛在中醫穴位上又稱為「坎宮」這個推坎宮的按摩法，更是古中國流傳數千年的按摩法。

鼻樑至頰骨滑推法
Towards Bridge of Nose Under Cheek Bone

手指從鼻樑兩側先往上到鼻骨較高點，然後順著頰骨往下到臉頰。

上唇微笑法 Smile Above Upper Lip

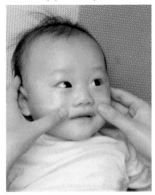

從人中往外畫一個微笑的形狀，這個手法特別有助於緩和寶寶上側牙齒生長時候的疼痛。

下唇微笑法 *Smile Below Lower Lip*

從下唇下方中央往外畫一個微笑的形狀，這個手法特別有助於緩和寶寶下側牙齒生長時的疼痛。

兩顎旋轉推按法
Circle Around Jaw

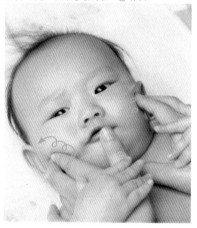

由於新生兒有尋乳反射（Rooting Reflex）的存在，當有東西接近嘴邊時，會誤以為是食物而想開始吸吮，為了避免這樣子的混淆，進行這個按摩時，開始點盡量不要離嘴角太近，從臉頰開始往外往上連續以畫小圈圈的方式按摩到耳上為止。

耳際後順顎線提下巴法
Behind Ears Follow Jaw Line Pull Up Under Chin

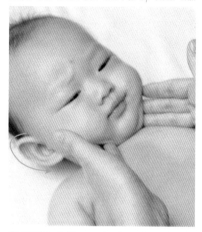

這個動作和前一個按摩幾乎是一個連續性的動作，從耳上開始往下順著耳後的耳際線，然後沿著兩頰後方的顎線，直到下巴內側，這些位置有豐富的淋巴腺，按摩刺激有助於免疫系統和新陳代謝系統的運作。

背部按摩
Back

　　臉部按摩結束之後可以讓寶寶轉成趴姿，別忘了一邊為寶寶翻身，一邊告訴寶寶正在進行的活動，以增加可預期性。先將寶寶平行的躺在父母親前方，或是按摩者的一腿向內折起呈 V 型，另一腿向外伸直，讓寶寶趴睡在內折的一條腿上，此姿勢對於年紀較小，頸部支撐力尚不足的寶寶而言，不但方便父母親進行按摩，更是讓寶寶舒適的選擇。這時候，在寶寶臉部下方，可以放一些色彩很鮮豔的玩具或是圖片，或放一面打不破的鏡子，吸引寶寶的注意力。

　　一開始，還是要以手不離開寶寶身體的方式加一點按摩油在手心上，待摩擦生熱之後進行靜置撫觸，跟寶寶說：「寶寶（的名字），這是你的背，我現在幫你按摩你的背囉」。在為寶寶進行背部按摩之前進行靜置撫觸的原因，和其他部位稍有不同，主要是因為寶寶看不見自己的背部，靜置撫觸有助於引導寶寶在按摩之前先用觸覺認識自己的身體。

　　按摩全部完成之後，讓寶寶躺回原來的姿勢和位置，讓寶寶知道按摩結束也是一項很重要的制約，提供寶寶所需的可預期感。可以用雙手自寶寶的頭部開始輕輕往下撫摸到臉頰，到肩膀和手臂，接著是身體和腿部與腳部，用固定的關鍵字讓寶寶知道按摩已經結束了，可以說：「寶寶（的名字），謝謝你喔！」

來回掌擦法 *Back and Forth*

從寶寶的肩膀開始，雙手和寶寶的身體成垂直狀，前後來回按摩，並且逐漸往臀部方向移動，接著再以相同的方法從臀部回到肩膀。

頸至臀部掃擦法
Sweeping from neck to buttocks

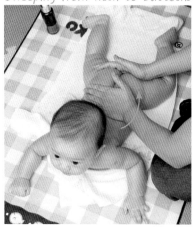

一隻手托住寶寶的臀部，另一隻手從寶寶的頸部往臀部掃擦，重複掃擦的動作數次。

頸至腳跟掃擦法
Sweeping from neck to heel

一隻手托住寶寶的腳部，另一隻手從寶寶的頸部往腳跟掃擦，重複掃擦的動作數次。

背部旋轉推按法
Back Circles

以手指指腹在寶寶的背部（包含臀部）以畫圓的方式按摩整個背部。

梳式法
Combing

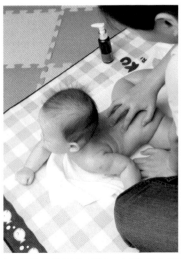

把手做成梳子的形狀，以指腹在寶寶的背上由上往下梳理，一開始運用較大的力道，然後漸漸減輕力道，直到力道像羽毛般輕盈，最後僅僅剩下手部的熱度感，並將手離開寶寶的背部。

0 ～ 99 歲都適合的按摩喔！

　　嬰幼兒按摩雖然以嬰幼兒為名，實質上卻可以應用在 0 ～ 99 歲的所有人，在北歐風行的觸覺按摩（tactile massage），按摩者領有正式執照，這種按摩強調撫觸本身的效果，不進行深入式的肌肉按摩，在老人學照護方面運用相當廣泛，可以說是成人形式的嬰幼兒按摩，由此可知，按摩手法的延伸性 0 ～ 99 歲都適用，所以為孩子按摩永遠不會太晚，即使他已經到了學齡時期或是青少年，按摩還是會對於親子之間的關係產生許多微妙的作用，其關鍵就在於撫觸對身體所產生的變化。

　　不過，在不同的成長階段，我們可以運用和嬰兒時期不同的小技巧來保持寶寶對於按摩的興趣，以維持親子之間的親密接觸，運用最廣泛的就是各種觸覺遊戲和故事，以及簡單的嬰幼兒瑜珈動作，再結合兒歌、童謠，以增加吸引力和趣味性。

　　多數父母親在為寶寶按摩之後，都會在寶寶開始嘗試翻身和爬行之際，遭遇第一次的挑戰，尤其在這個時候爸爸媽媽才開始接觸到按摩訊息，常常會覺得在替寶寶按摩時，寶寶顯得不太安分，總是翻來覆去，甚至四處爬行，不像新生兒的時候這麼容易上手。其實，對寶寶來說，這個時期由於肢體能力的快速發展，主動探索環境的能力大大增強，當處於活動清醒時刻，自然就是個四處遊走的小小探險家，所以，選擇在安靜清醒的時刻為寶寶

進行按摩，就顯得格外重要。

再活潑好動的寶寶，一天之內總有安靜下來的時刻，爸媽可以把握此時為寶寶按摩，讓美好的按摩觸覺記憶留存在寶寶的腦海中，而且每週至少要保持 1~2 次按摩的頻率。雖然這個時期按摩對於寶寶而言，刺激的程度已不如新生兒時期來得密集，但是寶寶還是非常需要刺激。因此，此時可以運用一些寶寶喜歡的玩具或物品吸引寶寶的注意力，幫助寶寶盡可能拉長享受按摩的時間，而按摩者可以因應寶寶的姿勢隨時調整自己的姿勢，一切以寶寶為主就對了。

☆ 滿足 1~2 歲寶寶的獨立感

寶寶 1~2 歲，開始學步階段，這時候的孩子已經發展出一定的獨立自主能力，也開始擁有自己的主見，兒童心理學家有時候會把這個階段稱做「恐怖的 2 歲（terrible two）」，因為這個時期可說是人生第一個叛逆時期。但事實上，這個階段是孩子練習獨立和依賴之間，微妙交互關係的關鍵時期，孩子需要獨立探索環境來練習，並且宣示自己的自主性，但在情感上卻仍需依賴父母的支持來建立安全感、自信心和再確認感。

1~2 歲的孩子最喜歡的回答就是：「不要」，不管爸媽問什麼話，孩子都喜歡用否定語來表現自己的獨立性，於是，當爸爸媽媽詢問孩子要不要按摩時，孩子也很可能斬釘截鐵的說：「不

要」。所以在這個時期中，爸媽可以運用說話的技巧，就是使用選擇題，而不是是非題來和孩子對話。換句話說，就是問孩子，「你今天想按摩手還是腳呢？」當一個部位按摩結束後，再詢問孩子下一個想按摩的部位在哪裡？這一種徵詢同意的方法可以免去問孩子要不要按摩卻被拒絕的狀況，而且孩子多半都很喜歡按摩，最後，全身的部位都能獲得按摩的刺激。

☆ 3 歲的寶寶愛撒嬌

當這一些較具有挑戰性的階段，都能保持至少一周按摩一次的頻率，並且逐漸克服挑戰之後，有經驗的爸爸媽媽會發現，大約孩子在接近 3 歲左右時，按摩又變得容易了。許多課堂上的爸媽都會反應，原本按摩總是動個不停的小寶貝，又突然愛上按摩。這是因為這個年齡的孩子，情感方面將發展進入了一個「回歸退化期（Regression）」階段，在這個年齡層的寶寶，很希望自己又再度扮演小寶貝的角色，喜歡用娃娃音說話，學嬰兒哭聲，而且特別喜歡和爸媽膩在一起，選在此時為孩子按摩，可以滿足孩子心理上的需求，更能重新享受爸媽的愛。

或許很多家庭在這個時期會增添小寶寶，新成員的加入常常也是家庭另一個新的挑戰，特別是要為年齡較長的哥哥、姐姐做好新角色的調適準備。另外，新成員的加入，多半會佔掉爸媽較多的時間，反而減少了和大孩子相處的時光，因此，如果能夠為大孩子進行按摩，就可以在質的方面提升親子相處時光，進而彌

補量方面的減少，還可以鼓勵大哥哥、大姐姐為剛出生的小寶寶進行按摩，一方面可以讓全家同時享受溫馨的氣氛，減低照料方面的負擔，一方面也可以培養手足間的親密感情。

一般說來，3歲多的寶寶已經可以對自己的身體有較精細的控制能力，原則上在為弟弟妹妹按摩時，已經能夠注意力量大小的使用，若是父母親還是擔心偶爾的突發狀況，可以將哥哥姐姐抱在懷中，用手握住孩子的小手，然後引領孩子為小寶寶進行按摩，這種方式對於親密感的建立很有幫助，且非常值得嘗試。

☆ 傳達孩子身體的自主權

在為較大的孩子進行按摩時，不妨為按摩取一些有趣的名稱，藉以提高孩子的興趣，最常運用的就是孩子喜歡的卡通人物或是運動項目，例如：一個4歲的孩子可能會喜歡爸媽將按摩稱為幫皮卡丘按摩或珍珠美人魚按摩，而10歲左右的孩子可能會喜歡足球按摩或躲避球按摩。

按摩對於舒緩較大孩子因為快速的生理成長而產生的生理痛很有幫助，並且也有助於幫助孩子以口語的方式進行自我表達，而不單單只以肢體表達意志，因為豐富的感官（觸覺）刺激輸入，可以在大腦產生更豐富的資訊註冊。我們曾見過許多學齡期間的孩子，當身體不舒服的時候，無法用口語清楚地表達自己不舒服的部位，這其實是源自於孩子對身體形象（Body Image）不清楚。在按摩時由於擁有豐富的觸覺刺激，能使孩子確切地掌握身

體各個部位的感覺，並在大腦中建立身體地圖，因此能夠明確描述身體的各種生理性或情緒性的感受。

為學齡期間的孩子按摩，最重要的是要傳達孩子身體自主權的概念，讓孩子了解自己是自己身體的主人，任何人不可以在自己不同意的情形下，任意碰觸自己的身體，當撫觸的感覺不好時，自己也有權利說不，藉以身體自主權教育來幫助孩子在成長過程當中自我保護，更有助於未來發展正面積極的親密關係。因此，當寶寶開始不穿尿布之後，在為寶寶按摩時，最好還是能保持讓孩子穿著內褲，並且避開私處附近的 V 字敏感地帶，讓孩子從行動和過程中了解，這個私密的 V 字部位是絕對隱私的，非經同意，任何人都不能隨意觸碰，這也是給予孩子身體教育的第一課。

當然，要為成長中的孩子進行按摩時，運用有創意的遊戲、故事和歌曲結合按摩，不但能吸引孩子的注意力，也常常是最有效的方式。介紹以下幾種適用於成長中兒童的按摩手法。

基礎瑜珈運動
DS baby yoga

　　這是嬰幼兒瑜珈的方式，也是從 45 式寶寶動知瑜珈中挑選而出，可以增加寶寶關節的柔軟度，為未來的爬行做準備。由於寶寶的動作發展階段會由一開始的混亂階段，也就是四肢擺動沒有一定的方向性，發展到中期的雙側運動階段（Bilateral movement），開始能穩定地進行相對應身體兩側的互動動作，如進行拍手等活動，一直到比較成熟的跨側運動階段（Cross-lateral movement），就是一邊的手或腳可以跨過身體的中線進行另一側的活動。這個舒緩活動有助於寶寶身體動作的發展和大腦左右半腦的溝通。

　　這是一個很溫和的運動，從寶寶出生開始就可以進行，記住動作一定要緩和，永遠以寶寶的舒適程度為第一考量，可以在每一次按摩結束之後進行，也可以單獨進行，雖然這個活動設計的初衷是要幫助寶寶做好預備爬行的準備（寶寶爬行時候需要很多雙側和跨側的協調，以及左右腦的密切溝通），但是在執行的過程當中，我們意外的發現，將這個運動結合童謠或是韻文詩歌一起進行，特別受到大孩子的歡迎。對於較小的寶寶，可以用躺姿進行運動，大一點的寶寶如果喜歡坐著進行，也是一個很好的選擇。

雙手交叉式

首先用手握住寶寶的兩手前手臂靠近手腕處，將雙手牽引至寶寶胸前交叉。一手在上，一手在下，然後交換上下位置，再交換一次，接著將雙手向外側伸展，輕微晃動讓寶寶的手放鬆。

每次都以"交叉、交叉、交叉、伸展"的節奏進行，可以連續進行數次，這個動作可以促進寶寶雙側運動能力的發展。

手腳交叉式

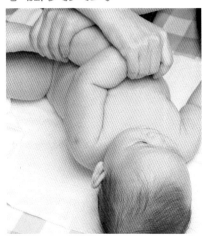 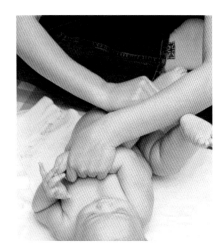

握住一邊的前手臂靠近手腕處和另外一邊對角線的小腿靠近腳踝處，讓手腕和腳踝在身體前面一上一下交叉，較大的寶寶因為腿較長，可以用膝蓋替代腳踝和手腕在身體前面交叉，然後手腳交換位置，再交換一次，接著將手腳向外側伸展並且輕微晃動。

同樣每次都以"交叉、交叉、交叉、伸展"的節奏進行，可以連續進行數次。當一邊的運動進行幾次之後，可換另一隻手和另一隻腳，進行相同的活動。這個活動可以協助寶寶發展跨側運動的能力，由於對角線兩側的手腳運動時，左邊的肢體會對右邊的大腦產生刺激，相反的，右邊的肢體會對左邊的大腦產生刺激，使左右兩邊的大腦產生互動和溝通，對寶寶的大腦雙側溝通很有幫助。

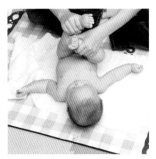

雙腿交叉式

雙手握住寶寶兩邊的腳踝小腿靠近腳踝處，在寶寶感到舒適的情況下，在身體前方一上一下的交叉，然後交換上下位置，再交換一次，接著將雙腿向下側伸展，並且輕微晃動讓寶寶的腿部放鬆。

每次都以"交叉、交叉、交叉、伸展"的節奏進行，可以連續進行數次。

膝蓋上壓式

手握寶寶的兩邊小腿靠近腳踝處，稍加施力將寶寶的膝蓋壓向腹部，緩慢的數1、2、3，接著把雙腿向下伸直並輕微晃動，幫助寶寶放鬆，同樣重複幾次即可。

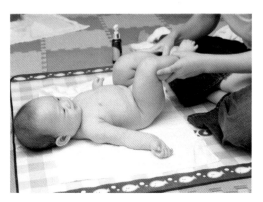

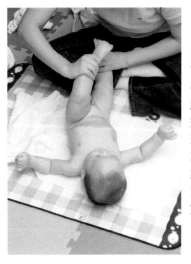

踩腳踏車式

手握寶寶的兩邊小腿靠近腳踝處，先將一邊膝蓋壓向寶寶腹部，另一隻腳伸直，接著換邊做，將另一隻腳的膝蓋壓向寶寶腹部，原來彎曲的那一隻腳伸直。就如同練習踩腳踏車一樣，雙腳輪流左右左或右左右，也可以踩三下後再讓雙腳伸直微微晃動放鬆後，再重複一次。可以輪流開始起步的腳，以使得雙邊達到平衡。

小蝴蝶式

手握寶寶的兩邊小腿靠近腳踝
處,以兩邊的髖關節分別為圓
心,腿部繞幾個圓圈圈之後,
腳心對著腳心,以單手稍加固
定,然後把腳部往寶寶的鼠蹊
部輕壓推送,讓兩邊的腿像是
小蝴蝶的翅膀一樣的拍動,伸
展大腿內側的肌肉群。

膝蓋繞圈式

手握寶寶的兩邊小腿靠近腳踝
處,把雙腿微微的併攏與肩同
寬,然後屈膝把膝蓋壓向寶寶
的肚子,使用單手或是雙手,
讓膝蓋在寶寶的肚子上分別以
順時針和逆時針的方式繞圈
圈。

膝蓋扭轉式

手握寶寶的兩邊小腿靠近腳踝
處,把雙腿微微的併攏與肩同
寬,然後屈膝把膝蓋壓向寶寶
的肚子,以脊椎保持貼住地面
不動的方式,讓寶寶的膝蓋左
右進行扭轉。

　　這些舒緩運動在節奏上都是交叉、交叉、交叉、伸展，或是1、2、3伸展，節奏感相當強烈，所以進行時，可以一邊哼唱歌曲，一邊運動，有助於加強寶寶的穩定節奏感（steady beats），特別是大一點的孩子，常常都能玩得不亦樂乎。原則上，四拍的曲子都很適合舒緩運動時對著寶寶吟唱。當然爸爸媽媽也可以發揮創意，自編童謠或是兒歌，不但可以增加寶寶的興趣，也可以增進親子之間的情感。

小毛驢

我有一隻小毛驢，我從來也不騎，
有一天我心血來潮，騎著去趕集，
我手裡拿著小皮鞭，我心裡真得意，
不知怎麼嘩啦嘩啦，我摔了一身泥。

Itsy Bitsy Spider

Itsy Bitsy Spider- went up the waterspout
Down came the rain and-washed the spider out
Out came the rain and -dried up all the rain，Then
－ Itsy Bitsy spider went up the spout again.

製作比薩餅遊戲

　　按摩最重要的元素在於親子之間的撫觸，因此對於大孩子來說，有創意的身體遊戲就是最好的親子按摩。製作比薩餅的遊戲，融合了很多肢體動作、數量概念和語言遊戲，對於孩子有很大的吸引力，適合在親子遊戲時間進行，或在早上用來當做叫寶寶起床的按摩遊戲。相信有很多父母親都有同樣的困擾，就是早上要叫孩子起床上學時，遇上孩子賴床，常常弄得心情不佳，而孩子也在沒有完全清醒的狀況之下去上學，往往因為精神不濟，影響學習效果。但是，運用這個按摩遊戲叫孩子起床，可以讓雙方都保持愉快的心情，同時孩子也可以很快進入完全清醒的狀態。

　　輕聲呼喚孩子的名字，「寶貝（以孩子的名字代替），做Pizza的時間到了。我們可以做Pizza了嗎？（徵詢孩子同意）」。「請你當 Pizza，我來當廚師（雙手輕輕搖晃寶寶的身體，用觸覺給寶寶一個心理的轉換準備）」

　　「首先，我先放一些麵粉（一隻手扶著孩子的肩膀，另一隻手在孩子的整個身體部位用手心和手背，來回像鍋鏟般假裝把麵粉鋪平。）」
　　「接著，我要加一點兒水（手握拳，在孩子的身體上滾動，像是用水壺倒水一樣。）」

「再灑一點兒鹽（用指腹在孩子的身上點按）。」

經過這些活動之後，孩子會稍稍清醒，而且因為以遊戲方式進行，比較不容易有起床氣的發生。

然後告訴孩子，「接下來我要開始揉麵糰了喔！準備好了嗎？（雙手同時放在孩子身上進行靜置撫觸，為撫觸的準備）」，「現在開始，揉麵糰、揉麵糰，揉好麵糰做 Pizza；揉麵糰、揉麵糰，揉好麵糰做 Pizza；（雙手開始在孩子身上前後揉，像在製作麵糰一樣，來回數次，直到孩子開始咯咯笑為止。如果孩子還只是露齒微笑，可以貼近寶寶問，麵糰這樣可以嗎？還要再揉嗎？如果寶寶喜歡可以多進行幾次）。」

接著，以誇張的語氣說：「好累喔！麵糰終於揉好了，現在我們要開始幫 Pizza 添加配料囉。」叫著孩子的名字，問他：「你喜歡 Pizza 加什麼材料？」對於比較小，尚未有語言發展的孩子，爸爸媽媽可以運用自問自答的方式，讓孩子熟悉大人一問一答的自然對話模式。例如：媽媽問完話可以自己回答：「加熱狗好不好？你最喜歡吃熱狗了。」對於大一點的孩子則鼓勵他自己回答，因為在語言學習的初期，聽到自己發出來的聲音也是一個很重要的過程，這個遊戲可以鼓勵孩子在安全的情形下進行語言練習和表達，等到孩子漸漸長大，懂得運用幽默感時，還會故意說些他們自認有趣的答案，像是加飛機、加糖果，甚至某些年齡的孩子喜歡說加大便或是加尿尿的話語，父母不需要太介意，這表示他們

對於語言的運用能力，已經從單純的對話進步到幽默的語辭運用了。和孩子一起享受幽默感，一起哈哈大笑，反而能夠拉近彼此的距離。例如：媽媽可以誇張的大笑說：「加飛機啊？！那牙齒不就咬斷了嗎？哈哈。好，我們就加飛機，但是要提醒爸爸可要小心咬喔（同時，用手的指腹在孩子肚子上點按，彷彿放 Pizza 材料一樣）。」

放了幾種材料之後，孩子因為有機會說話，多半也已經完全清醒了，因此可以進行下階段活動。

跟孩子說：「好了，現在我們已經加了好多材料了，要準備把 Pizza 放到烤箱去烤囉！（把孩子抱在自己的膝上）」「要烤幾分鐘呢？（依孩子的回答或是自己建議分鐘數）」然後一邊搖著孩子或是拍著孩子，一邊數：「1-2-3-4-5-6-7-8⋯」直到預定的分鐘數，讓孩子也有機會體驗數字的概念，然後大聲的假裝烤箱鈴聲「鈴⋯鈴⋯烤好了！（讓孩子成為坐姿或是站姿）」。

把孩子摟在懷中，然後說：「吃 Pizza 了（親親孩子，讓孩子快樂的清醒）！」

這個遊戲所需時間相當短，但卻很有效果，對於上班族的父母親，是一個很實用的好方法。

天氣遊戲

　　故事和遊戲一樣，都是孩子的最愛，按摩也同樣可以將遊戲與故事相結合。天氣遊戲就是很好的運用例子，在撫觸的輕重之間，孩子不但感受到樂趣和父母的愛意，也強化了相關的快、慢、大、小等認知概念。爸爸媽媽在說故事時，可以運用比較戲劇性誇張的口吻，藉以吸引孩子的注意力。

　　讓寶寶坐著，背向父母，或是趴著，背部朝上。爸爸媽媽一邊按摩一邊說故事。

從前從前，有一個又圓又大的黃太陽，

（一隻手握住寶寶的肩膀，一隻手在背部順時針畫圈圈）

太陽的光芒照射大地，溫暖了世界上每一個角落的小朋友。

（雙手在背部以放射線的方式向外畫許多直線）

有一天，烏雲出現了，遮住了黃太陽，天氣變得涼爽了些，

（兩手在背後連續畫小圈圈）

然後開始颳起了風，

（雙手在背上由一側到另一側像刮風般連續按摩）

接著，風越颳越大，越颳越大，

（說故事的聲音漸漸加強，手上的力量也逐漸加強）

直到變成了龍捲風和颱風。

（雙手在背後快速畫漩渦，彷彿龍捲風和颱風一般）

然後，天空出現了閃電，（雙手在背後畫閃電）

接著打雷了。（雙手在背後連續拍按）

下起了雨，

（雙手的指腹在孩子背上由上往下按摩，像是下雨般連續不斷）

雨越下越大，越下越大，（手勢逐漸加強加快）

大雨變成了冰雹，（用指腹在背部如舞蹈般的點按）

然後溫度下降，天空下起了茫茫白雪。

（指腹輕輕在背部推送，聲音也變得輕緩）

大地一片銀白色的光澤，這時候，只見一隻美麗的波斯貓從
地上爬上屋頂，

（手握拳，從背部的一側由下往上漸漸滾動，手勢向上）

然後，俏皮的貓寶寶也跟著爬上屋頂，

（同樣握拳，以俏輕的相同手勢，從背部的中央由下往上漸
漸滾動）

接著，神氣驕傲的貓爸爸也跟著爬上屋頂，

（以最重的相同手勢，從背部的另一側由下往上漸漸滾動）

大地上只見滿滿的腳印，此時霧氣浮現，

（將雙手離背部12公分遠，只讓孩子感受到手部的熱氣）

直到太陽再次出現，大地又回復了溫暖。（雙手離開背部）

這是較大孩子喜歡的按摩方式，只要父母能夠掌握「撫觸」
最重要的元素原則，就能變化出許多不同的創意按摩來，對於孩

子的未來有很大的助益，也能成為親子之間的最佳活動。

如果按摩能夠持續到孩子進入青春期，這時孩子情緒容易有上下起伏的狂飆變化，親子間的按摩，常常能夠成為一種衝突關係的潤滑劑。青少年雖然又酷又難以接近，也可能會拒絕父母親的擁抱，但按摩反而是可以接受的。不過這個時候，一定要把青春期的孩子，當成是個小大人來予以尊重對待。為他們進行按摩時，要先充分溝通他們想接受按摩的時間、地點以及服裝，是否要使用按摩油……等，最好能準備一條大毛巾，覆蓋住不按摩的部位，僅僅露出要接受按摩的位置，讓孩子充分感受到尊重，這才是親子間按摩最重要的精神所在。

☺ 緩解寶寶不舒服的按摩手法 ☺

除了先前示範的一般按摩之外，有些則是針對特殊狀況的按摩手法。舒緩腹脹氣和腸絞痛的按摩手法就是其中的一種。

☆ 腸絞痛（Colic）

對於很多新生兒家庭來說，家有腸絞痛兒真是父母親的一大夢魘。

腸絞痛發生的原因，目前醫學界還沒有明確的定論，但有趣的是，腸絞痛似乎只發生在經濟富裕的已開發國家，在許多經濟比較落後的發展中國家，腸絞痛則是聞所未聞，加上腸絞痛的寶寶經常被證實在生理上完全正常，因而許多研究者開始朝向心理原因進行研究，最經常被注意到的就是發展中國家和已開發國家教養方式方面的差異。

學者們注意到，在開發中國家，媽媽抱著寶寶的時間遠遠長於已開發國家的媽媽，開發中國家的媽媽們即使需要外出工作（採集、種植……等），也都是將寶寶以揹巾背在胸前，跟著媽媽四處走動，這種跟著媽媽走動的過程，已被證實對寶寶的前庭平衡系統有極大的幫助，因為當媽媽走動時，寶寶的身體頭部也有機會體驗在空間中不同的位置和姿勢，而這種前庭平衡的刺激，是寶寶在生命前期產生感覺統合的必要刺激。反觀已開發國家的媽

媽，多數媽媽出門都會使用手推車，並常幫寶寶準備一間獨立的嬰兒房，結果使得親子之間的肢體接觸降低許多，寶寶在推車內，姿勢的變換極為有限，前庭平衡的刺激相對減少。因此，有越來越多的學者，開始研究這種教養方式的差異和腸絞痛發生原因的相關性，探討腸絞痛的發生是否是一種大自然給予寶寶的求救本能，向照顧者發出「我需要更多肢體接觸和互動」的訊號。雖然目前尚未有確切的答案，但是，這種結合人類學和遺傳基因學的研究方向，也提供了醫學界一個新的觀點。

☆ 症狀：

1954 年小兒科醫生 Wessel 為腸絞痛做出一個定義，「如果一個寶寶年齡介於 3 周至 3 個月之間，常常在下午 3 點到半夜 3 點之間哭，一天哭 3 小時以上，一週發生 3 次以上，發生的時候寶寶臉變紅，身體拱曲，父母做什麼都沒有用，這就是腸絞痛」。又暱稱為「3 的定義」。

腸絞痛症狀，大約從寶寶 3 週大開始發生，通常會持續 3 個月左右，發生的時候常有固定時間性，也就是說腸絞痛寶寶經常都在固定的時間突然無緣無故的嚎啕大哭，沒有其他任何肚子餓或是尿布濕等生理性的原因。若帶寶寶看醫生被判定為腸絞痛時，醫生通常也是束手無策，只能建議寶寶長大後症狀就會自然消失，因為在現代醫學中，還沒有任何醫藥能夠給予有效的協助。

寶寶發生腸絞痛的比例正逐漸升高，在一項非正式的統計當

中，我們發現，幾乎每 1~2 期參與嬰幼兒按摩課程的家庭中（平均4~6個家庭），至少就有一個家庭有過寶寶類似腸絞痛的困擾，但由於目前多數家庭都是獨生子女，父母親教養經驗不足，又不一定會求助醫生，因此不確定寶寶的情形是否為腸絞痛，由此可見實際腸絞痛的例子，一定比醫學研究統計上要高得多。

有時候，有些寶寶有腹脹氣、乳糖不耐症……等症狀，也經常被誤以為是腸絞痛，不過腸絞痛最明顯的特色是有精準的時間性，寶寶會像時鐘一般，總是在固定的時間哭起來，在歐美嬰幼兒按摩發展較早的社會當中，當醫生診斷出寶寶有腸絞痛症狀時，常會開具處方箋，請父母親帶著寶寶，去參加嬰幼兒按摩課程，教導父母為寶寶進行 "腸絞痛與腹脹氣舒緩按摩"，而這也是目前唯一經過證實，對寶寶的腸絞痛能有效舒緩的方法。

由於腸絞痛是有時間性的，父母可以在寶寶快要開始哭的30分鐘前，進行這個按摩 2 ～ 3 回合（從步驟 1 到步驟 5，但是靜置撫觸只需要進行一次），並且早晚各進行2～3回合，持續2～3 週，寶寶的腸絞痛情形就可以完全消除了。

腸絞痛與腹脹氣舒緩按摩

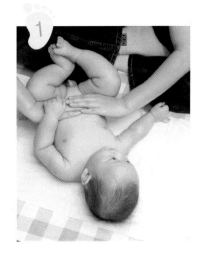

將手放在寶寶的肚子上做靜置撫觸，此時雖不需要徵詢寶寶的同意（因為嚎啕大哭的寶寶無法回覆詢問），但是還是要跟寶寶說：「我知道你現在很不舒服，我們來進行這個按摩，看看能不能讓你舒服一些。」這是以口語加上手部的觸覺進行對寶寶的制約。一開始，寶寶可能還是會不停啼哭，但幾次之後，當寶寶體驗到這種按摩的舒緩作用後，只要父母親開始進行靜置撫觸，寶寶就會比較安定下來。

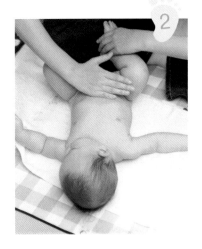

雙手在腹部進行水車法按摩，雙手輪流為一次，進行數次。

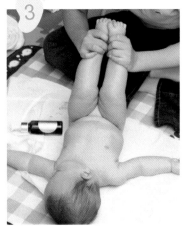

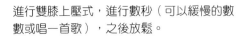
進行雙膝上壓式，進行數秒（可以緩慢的數數或唱一首歌），之後放鬆。

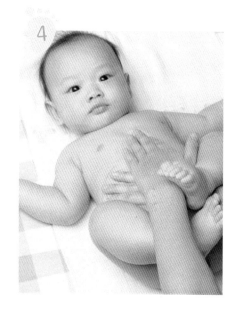

雙手在腹部進行日月法，進行數次。

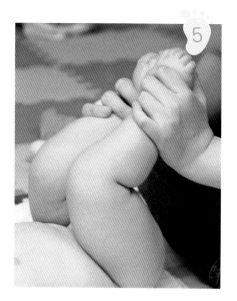

進行雙膝上壓式，進行數秒（可以
緩慢的數數或唱一首歌），之後放
鬆。

嬰幼兒感冒
外感四大法

感冒是一種沒有特效藥的病症，藥物通常也只能夠針對症狀舒緩，無法"治療"感冒，所以如果已經由醫師確認是一般的感冒，這四種按摩方法（外感四大法），可以減緩寶寶很多的不舒服。

開天門

從眉心的正中央（印堂）到髮際線的正中央（神庭），這一段的距離稱之為天門，用手指不斷的從印堂撫摩到神庭就稱之為開天門。

推坎宮

坎宮就是寶寶的眉毛，推坎宮是指用手指分別從兩邊眉毛的眉心往眉尾方向分推。

揉太陽穴

太陽穴在眉尾和耳上中間一半的位置，有個凹陷的位置，可以使用手指的指腹進行輕柔的揉捏。

推耳後高骨

撫摸寶寶的耳朵後方，有一個特別高聳的骨頭，這個骨頭的凹陷處，就是耳後高骨，輕柔的揉捏這裡，也可以舒緩感冒風寒的症狀。

Chapter 3

家有愛的天使

☺ 特殊需要家庭 ☺

我不是特殊需要的孩子，
我是完完全全正常的孩子，
我只是有些特殊的需要

~出自一位有些特殊需要的正常孩子之口述~

　　面對特殊需要的家庭，應該以尊重大於知識的態度來面對這些孩子，去看待一個獨立的個體，一個完整的孩子，而不是只看到他們的症狀。在稱呼這些孩子的時候，稱呼他們的名字，而不是使用任何和症狀有相關聯的名詞。對於這些家庭而言，父母親才是對孩子了解最深入的專家，講師所扮演的只是一個支持者的角色，要讓父母親了解，按摩和撫觸並不能取代治療，鼓勵父母多和醫療體系的專家學者諮詢撫觸和孩子健康之間的關聯性，在支持的過程中鼓勵整個家庭的投入，父母可以和講師先溝通，讓講師了解孩子特殊的溝通模式或線索，使得講師可隨時因應孩子的特殊狀況而進行調適。重要的是了解這些孩子有和所有孩子一樣的需要，他們和其他孩子的相同之處，遠多於不同之處，只是比其他孩子多了一些特殊的需要，而這些是需要被支持的。

☆ 特殊的孩子也只是個孩子

因此，適用於所有孩子的各項基本原則，也適用於這些孩子身上，像是按摩中永遠以孩子的情況為主，哭泣和睡覺時不為孩子按摩……等。但由於他們在醫療上的特殊需要，按摩時的確也有些特殊的注意事項。一般說來，特殊需求的孩子在肌肉的張力上，都有過度鬆弛或緊張的現象，有些甚至是某些部位肌肉緊張，而某些部位肌肉鬆弛，很多父母親會問在這種情形之下，按摩應該從哪裡開始呢？當然是從比較健康的部位開始了，這些部位因為正面的撫觸記憶較為豐富，接受度也會較高，同時，因為身體鏡向效應（mirror effect）的存在，當按摩孩子一邊的身體時，身體相對的另一側也會產生效應。因此，即使孩子一邊的身體有嚴重的障礙，沒有足夠進行撫觸和按摩的部位，或是有開放性傷口不適合按摩，也可以從撫觸另一側的身體進行補足。

對於肌肉比較緊張的部位，多運用靜置撫觸、緩慢的按摩手法或是印度式按摩協助放鬆，至於肌肉比較鬆弛的部位，則稍稍加快按摩的速度，多運用瑞典式按摩來提升能量。這些孩子也常常會伴隨著觸覺防禦（tactile defensiveness）的情形，原則上一次最好只運用一種刺激，通常比較堅定（firm）的按摩手法比輕拂式的按摩手法更能封鎖住觸覺防禦的反應。同時，運用粗糙毛巾也是一種很好的方式，而這些孩子常有便祕的情形，因此腹部的按摩也不可少，但最好先從其他部位開始，再進行腹部按摩。

對於對觸覺特別敏感的孩子，可以從背部開始進行按摩，主要因為背部的觸覺接收器之間的距離較遠，相對敏感度也降低。在按摩時，遇到毛髮較多的部位則要順著毛髮的方向進行，不一定每一次都要進行全身性的按摩，父母可以和講師共同設計出適合孩子的按摩手法，過程中孩子若出現個別反應的話，可以先暫停，如果對於這些情形有所疑惑，也可以運用靜置撫觸取代之，這些孩子的最佳按摩環境通常是安靜的場合，且具有高度熟悉度的家中是最佳選擇。

☆ 視覺障礙的孩子

對於視覺障礙的孩子來說，按摩是一種絕佳的學習途徑，由於失去了主導性的視覺感官，觸覺常常會取而代之成為孩子主導的感官，因此，運用觸覺協助孩子建立身體概念就顯得更為重要。為孩子按摩時應特別注意以下幾點：

①線索

明確地開始和結束的線索相當重要，所謂的開始線索就是之前曾提過的：「徵詢孩子的同意」，不但每一次都要進行，還要每一次都保持相同，以制約孩子建立明確的開始訊號，結束時也是一樣，一定要用持續相同的方式，讓孩子知道按摩已經結束了。

②觸摸

在開始和結束線索之間的按摩過程當中，一定要保持和孩子持續的肢體接觸，直到結束線索出現，才將手離開孩子的身體。

③善用工具

可以運用毛巾或是衣服等捲成條狀，圍住孩子的頭部周圍，協助孩子建立邊界區，增強安全感。

④部位名稱

按摩、碰觸每個身體部位之前，都要先說出部位名稱，協助視覺障礙的孩子認識自己的身體。

　　有視覺障礙的孩子，爬行的時間常比較晚，背部按摩則有助於這些看不見的寶寶學爬行，為了保持刺激的單純，在第一次為有視覺障礙的孩子按摩時，暫時不要運用音樂。至於為聽覺障礙的孩子按摩時，如果孩子已經配備助聽設備，按摩時記得要為孩子戴上，同時將音樂打開，因為這些孩子雖然聽不見，卻能夠感受到音樂的震動，同時，清楚的開始和結束訊息對他們而言也是同樣重要的。

　　很多時候，父母親在無預期下生下一個「特殊」的孩子時，心理上常會出現七個階段性的變化期，這是一個危機的週期，一

開始是震驚（shock），因為不了解究竟發生什麼事情。接著否定（denial），不肯相信發生的事實，隨之會進入一個罪惡感（guilt）的狀態，開始責怪自己是否在孕期中犯了什麼錯誤，造成孩子的身體、心理缺陷。然後開始憤怒（anger），氣憤為什麼這樣的事情會發生在自己的身上，此時或許會不理性的希望醫生把錯置的染色體重新組合，還給自己一個健康的孩子，接著浸淫在悲傷（sorrow）的情緒中，終日以淚洗面，直到知道一切的醫學努力都幫不上忙之後，就會陷入討價還價（negotiate）的想法，求助於超自然力量，祈求上蒼重新賜給孩子健康，承諾自己會比過往千百倍的虔誠做為交換條件。

然而，一定要慢慢從這些危機週期的情緒中慢慢走出來，才能夠讓父母親來到一個接受（acceptance）的階段，嬰幼兒按摩有助於父母親逐漸走出這一些情緒危機週期，而不會陷溺於其中任何一種情緒無法逃脫，並開始"看見"孩子本身，而不是只看見他們的缺陷。唯有父母親來到了「接受」的階段，親子之間的親密感和依附感才有可能產生。沒有一個人是完美的，這些孩子也有一般孩子的需要，嬰幼兒按摩在面對這一些需求特殊的家庭身上，對父母親的效益可能更大於對於孩子的效益。

針對早產兒的按摩

　　另外一個很需要嬰幼兒按摩的族群就是「早產兒」，也就是巴掌仙子，這是嬰幼兒按摩發展史中運用最廣泛的一個族群。Tiffany Field 博士在針對早產兒進行按摩的臨床研究發現，接受按摩的早產兒比起沒有接受按摩的早產兒，體重多增加了40%，而且平均提早了 7 天出院，這個研究引起了全球的注意和討論。因此，許多的人都開始進行複製研究，想了解是否能夠獲得相同的結果。其中丹麥籍的 Inger Harfelius，他運用了相似的研究方式和錄影技術進行研究，想了解運用於一般足月產寶寶的按摩是否對早產兒也有相同的好處。

　　出乎意料的是，他在錄影帶中清楚的看到寶寶的壓力性線索，幾經觀察發現，「撫觸」是一種很正面的刺激，但是，有時也可能成為一種過度的刺激，造成寶寶很大的壓力。於是，他開始觀察究竟哪一種撫觸對於寶寶在密集度和強度上是合適的，結果發現對於這一些月齡非常小的早產寶寶來說，按摩是一項過度強烈的刺激，不過，靜置的撫觸卻能增加寶寶血氧程度，達成安靜清醒狀態增長的正面效果，因此，在按摩的過程當中，觀察寶寶的反應是非常重要的。

　　這些提早來到人世間的小天使們，因為特定系統（特別是呼

吸系統）尚未發展完成，皮膚也特別脆弱敏感，在進行按摩時，有些需要特別注意的事項。

在歐洲，新生兒加護中心運用的保溫箱並不是一般冰冷堅硬的模樣，而是運用一種鳥巢狀的設備，顏色是接近子宮的棕暗紅色狹小空間，昏暗的光線，盡可能模擬子宮內的環境，給予寶寶安全感，並且鼓勵父母親進行袋鼠式護理（Kangaroo Care），讓寶寶和父母親肌膚對肌膚相貼近，若無法進行袋鼠式護理者，則給予嬰兒按摩和靜置撫觸。

剛開始，我們可以看看寶寶身上管線以外是否仍有撫觸的空間，讓父母選擇要撫觸的位置，父母親可以在腦海中摹想一些正面的畫面，像是和孩子一起玩盪鞦韆等。

開始可以用雙手伸入保溫箱，在頭部和臀部上方幾公分遠的距離，進行前撫觸（pre-touch），觀察寶寶的反應，細數寶寶呈現的壓力線索，如果沒有出現的話，可以把手放在寶寶身上進行直接接觸皮膚的靜置撫觸，然後再觀察寶寶的反應，細數寶寶呈現的壓力線索，當發現寶寶的壓力線索多於 3 項時，則回到前撫觸並停留，如果壓力線索仍然沒有消失，則要將手拿開，在進行這一項嬰幼兒按摩時，一次只提供一項刺激，不說話，也不唱歌，一切都以寶寶的狀況為主。

當寶寶的體重到達可以出院的標準時，回到家中也應該持續為寶寶進行按摩，這時候的按摩就和一般足月產的按摩沒有很大的差異，由於早產兒一般會較為敏感一些，因此要隨時注意寶寶的反應，盡量選擇固定的時間和地點進行，以增加寶寶的安全感。

未成年媽媽

　　未成年的小媽媽是另外一個需要學習嬰幼兒按摩的重要族群，這些媽媽常是在未預期的情況或身心都還沒有準備好的情形之下懷孕，不知道如何和孩子建立情感，何況有些媽媽本身也還是個孩子，同時也可能是單親媽媽，自己的媽媽（孩子的外婆）在這個過程中也常常扮演強勢的角色，從懷孕的過程到教養的開始，這些單親小媽媽所遭致的壓力都是超乎想像的。在這種情形之下，嬰幼兒按摩對於未成年母親的重要性也不亞於對寶寶的重要性，尤其是可以增進未成年媽媽的自信心，在和寶寶互動的過程當中，感受到自己也有能力讓寶寶如此快樂，進而建立自己為人母親的自信心。

嬰幼兒按摩 Q&A

Q1：寶寶為何半夜愛啼哭？

A1： 新生兒除了生、心理各方面的因素啼哭之外，如果有沒來由的啼哭吵鬧，常是因為腸絞痛所造成的，對很多職場父母來說，工作了一整天，晚上還得應付寶寶的啼哭吵鬧，無疑是一種極大的夢魘。爸媽可以請保母一起運用本書中的"腸絞痛與腹脹氣舒緩按摩"，在白天時由保母為寶寶進行，到了晚上再由父母親進行一次，一天 2 次，進行至少 2~3 週，寶寶的腸絞痛情形就會有所緩解，爸爸媽媽也比較有機會睡個好覺。另外，也可以按摩手腕中點的穴位「小天心」，這個又叫「定驚點」的穴位，對於小兒夜啼很有幫助。

Q2：手部緊握不放？

A2： 新生兒由於有抓握反射（grasping reflex），手部常常是緊握不放的，這是造物主的精巧設計，也是千古以來人類物種優勝劣敗演化法則之下，淘選出來有助生存的能力，這種抓握反射能協助遠古時代的嬰兒，有效地攀附在媽媽身上，增加生存機會，同時，也為現代嬰兒做好未來抓取物件能力的準備，是一種重

要的物種優勢能力，但也因為這種抓握，寶寶容易產生肌肉緊繃，需要成人的協助學習放鬆。

進行手部按摩時，我們強調按摩每一根手指時，都要從手掌心開始，並且順勢打開寶寶緊握的手部，接著滾動手指頭，藉以幫助寶寶放鬆。按摩手背則由手腕向手指的方向進行，也是依循相同的放鬆法則，如果寶寶的手臂還是因為手掌緊握而相當緊繃，還可以運用第二章提到的撫觸放鬆法（touch relaxation），以制約的方式讓寶寶肢體放鬆。

Q3: 寶寶怕洗澡？

A3: 多數寶寶一整天當中最愉快的時刻莫過於洗澡了。但是觸覺敏感或是有觸覺防禦的孩子則例外，每到了洗澡時刻，就是爸媽和孩子的戰爭時刻，因為洗澡時會有密集的肌膚接觸機會，包含水中經驗本身也是一種密集的按摩。所以，平時的按摩有助於減低敏感的現象。為這些孩子進行按摩時，可以運用一些較粗糙的布料在身體進行摩擦，並從較不敏感的腿部和背部開始，而且手法一定要堅定，盡量把速度放慢，藉以封鎖敏感反應，如果寶寶在洗澡之後不願意接受按摩，可以依據寶寶的情況改變按摩時段。對這些孩子而言，洗澡本身就已經是一場很密集的按摩了，洗澡過後的按摩對他們而言或許是個很大的負擔。

另外，即使是很喜歡洗澡的寶寶，很多也討厭洗臉的動作，如同前面章節所敘述的，臉部是一個比較少被碰觸的區域，敏感度較高，因此在為寶寶按摩臉部時，要盡量拉近和寶寶之間的身體距離，同時，手法上也以堅定為佳，避免太輕柔的碰觸（父母親可以在自己臉上先試試看不同力道的感受），臉部按摩也有助於減低寶寶對於洗臉的敏感程度。

Q4：什麼時候可以開始按摩？

A4： 不論任何年紀都適合按摩，從懷孕時期就可以開始自我按摩肚子或是請伴侶為自己進行按摩，先一步展開和寶寶之間的親密對話，因為所運用的是觸覺式按摩（tactile massage）而不是肌肉式按摩（muscular massage），完全不需要擔心因為力道或位置的運用不良造成孕婦和寶寶的傷害，這時期的按摩是一場三人親密關係的新開始。寶寶出生之後當然更可以立即按摩，研究顯示，出生後的 72 小時，是親子關係建立的黃金關鍵時刻喔！

Q5：什麼時候幫寶寶按摩最好？

A5： 當寶寶處於安靜清醒時，是為寶寶按摩的最佳時刻，這個時候的寶寶樂於與人互動，有豐富的腦部活動進行著，此時按摩能帶給親子之間最大的好處。由於每個寶寶的安靜清醒時刻都不盡相同，爸爸媽媽和主要照顧者可以共同細心觀察紀錄，找出寶寶的安靜清醒時刻。像是早上剛睡醒時、睡完午覺時、洗澡前後、入睡前，每個寶寶都有自己獨特的生理時鐘。盡量選擇寶寶安靜清醒時刻進行按摩，不但使寶寶能享受按摩的愉快時光，也能讓按摩者得到很大的成就感。

Q6：按摩的時間要多久？

A6：　按摩時間的長短依個別寶寶而定，沒有一定的時間長度限制，有些寶寶能享受一天當中多次但短時間的按摩，有些寶寶則喜歡每天固定但較長的按摩時間，爸媽可以細心觀察寶寶的個別反應，提供最適合自己寶寶的按摩長度，不過，據觀察，一般寶寶能夠享受按摩的時間長度大約在 10 ～ 25 分鐘之間，不同年齡和不同敏感程度的寶寶會有個別差異。

Q7：按摩有一定的順序嗎？

A7：　在按摩的世界當中，我們常用一句話來形容按摩順序的重要性，這句話就是：「按摩的順序很重要，但是並非必要」。人的身體對於觸覺的刺激，會產生被制約的效果，尤其是嬰幼兒階段，固定的順序會帶給嬰幼兒一定程度的可預期性和安全感，因此，我們確實很鼓勵家長儘可能地和自己的寶寶保持一種「有默契」的固定順序，有時候，寶寶甚至會用自己的方式提醒家長，接下來的按摩部位與手法是什麼。但是，這並不表示，每一位家長與寶寶所喜歡的順序會完全相同，在課堂上，講師的教學大致上會有習慣的教學順序，通常會從寶寶接受度比較高的腿部和腳部開始，再慢慢進展到其他不同的身體部位，但是，並非表示這是唯一的順序，畢竟，嬰幼兒按摩最重要的目標，是要促進親子之間的親密互動，只要親子雙方都感到愉悅，這樣的按摩撫觸，就像是情人之間的愛語一樣，是沒有固定模式的。

Q8：按摩完需不需要洗澡或把按摩油擦掉？

A8： 按摩時如果使用的是天然的植物油，按摩過後並不需要把按摩油洗掉，因為寶寶的皮膚會直接將植物油和植物油當中的必須脂肪酸成分加以吸收，而在按摩時用的大毛巾，不但有增加寶寶舒適度的作用，也能夠吸收多餘的油脂，讓寶寶不會全身油膩膩的，參加過嬰幼兒按摩課程的媽媽都有相同的經驗，在課程結束時，寶寶身上的按摩油都已經全數為寶寶所吸收了。

　　一般而言，杏仁油和杏桃仁油是兩種最精緻的油脂，油脂植物分子小，寶寶吸收也最快，不容易全身油膩膩的。若是選用市售的嬰兒油或乳液為寶寶按摩，則要判斷是否符合植物性、冷壓和無香味可食用等條件。

　　在不確定寶寶是否對特定油脂有過敏反應時，可以運用混合的油脂來避免過敏，但是缺點是當過敏發生時，比較不容易判斷過敏原，在使用按摩油時，除了要注意保存期限之外，由於有些油脂是由國外進口，氣候溼度條件不同的情形之下，保存期限有時候也會產生變化，因此使用前最好用鼻子聞聞看是否產生酸敗氣味，這也是為什麼按摩油最好不要添加香味的原因。

Q9：什麼時候不能按摩？

A9： 除了寶寶睡覺、哭泣和哺乳後 30 分鐘避免按摩之外，寶寶發燒時候也不要為寶寶按摩，此時寶寶的身體需要大量的能量和病毒作戰，此時按摩會和要讓寶寶放鬆的目的正好相反，同

時，發燒時候皮膚也比較敏感，並不適合進行按摩，如果寶寶
希望獲得肌膚接觸的慰藉，可以抱著寶寶或只進行靜置撫觸，
提供適當的觸覺刺激。另外，當寶寶身上有開放性傷口時也不
要針對該部位進行按摩，因為按摩油也會刺激傷口致使感染，
當傷口癒合時，身上的傷疤在一開始可以先進行靜置撫觸，降
低敏感，並且提供正面的撫觸經驗。至於一些特殊疾病的寶寶
是否適合按摩，則可以諮詢小兒科醫生，讓醫生了解你的按摩
是撫觸性的按摩，以及使用的按摩油種類，協助判斷是否適合
進行按摩，CBM 講師也會盡力協助家長解決各項疑問。

Q10: 每次按摩到一半，寶寶就睡著了怎麼辦？

A10: 按摩具有讓寶寶放鬆的巨大魔力，很多寶寶在按摩課程結束
時，不是大哭（釋放壓力、想睡覺或是喝奶）就是進入沉睡，
也有些寶寶在按摩進行到一半時就沉沉睡去，此時很多媽媽會
疑惑是否應該完成剩下來的按摩手法，按摩沒有一定的程序和
手法，因此如果寶寶在按摩的過程當中睡著，就可以停止按摩
了。有些媽媽會反應，每次寶寶都在按摩中途睡著，使得有些
部位無法接受按摩，例如，如果每次都從腿部開始按摩，接著
進行腹部按摩，那寶寶睡著了，其他部位像是胸部、手部等就
一直沒有機會接受按摩，而感到相當可惜。在這種情形之下，
有個小技巧，就是讓每一次的按摩都接續前一次的按摩，直到
每個部位都輪替到了，才重新開始新的順序。例如：如果寶寶
習慣的順序是「腿部及腳部按摩—腹部按摩—胸部按摩—手部
按摩—臉部按摩—背部按摩」，如果第一次寶寶按摩到腹部就
睡著了，那麼下一回按摩時，就可以進行腿部／腳部按摩（保

持固定以腿部開始，增加接受度）―胸部按摩―手部按摩，以此類推，讓寶寶每一個部位都有機會接受按摩，也能滿足寶寶對特定順序的喜愛。

Q11: 過動的寶寶是否可以用薰衣草精油為他按摩，安定情緒？

A11: 在按摩油的選擇上，我們提供四項原則：植物性、冷壓、無香味、可食用。可其中，特別針對 12 個月以內的寶寶，使用沒有香味的按摩油是很重要的，因為在這個時期內，寶寶和主要照顧者之間親密感和依附感的建立，相當依賴氣味做為中介者，而每一個人身上的氣味，和指紋一樣，都是獨一無二的，任何外來的氣味都不應該介入當中，打擾這種親密感和依附感建立的過程。

在嬰幼兒按摩上課的過程當中，很多愛子心切的父母們，會提出是否要使用芳香精油為大一點的寶寶進行按摩的疑問，事實上，各種芳香精油都有他們獨特的療效功能，在使用上必須經過有專業訓練領有執照的芳療師指導。在全球各地，有許多嬰幼兒按摩講師本身就是芳療專業人員，在這種特殊情形上，嬰幼兒按摩講師就會很小心的扮演兩方面的角色，不任意使芳療和嬰幼兒按摩產生混淆，這種情形如同許多小兒科醫生兼具嬰幼兒按摩講師角色時，也不會在嬰幼兒按摩課程當中給予醫學性的建議是一樣的，講師們會謹慎的選擇自己所戴的角色帽，適切的扮演兩者角色。

至於沒有芳療師背景的講師或是家長，更要謹慎芳香精油所產生的效果，以過動寶寶的例子而言，一般過動的孩子其實

多數是因為大腦的活動量不如孩子的需要，因此孩子必須藉著不停止的動作來保持對大腦的刺激，而不是因為大腦過度活動而導致孩子停不下來。薰衣草主要有著舒緩的功效，如果沒有充分了解孩子過動的原因，也沒有充分掌握芳香精油的療效，就很容易產生各種誤用和反效果，不得不謹慎。

Q12: 寶寶上按摩課的時候睡著了怎麼辦？

A12: 嬰幼兒按摩強調的是隨時依寶寶的特殊狀況而調整，在課程中也不例外，寶寶每天都有自己固定的作息時間，在上課時，難免會碰上寶寶睡覺、哭泣、或是喝奶的狀況，除了課前與家長事先溝通，讓父母親盡量選擇適合自己寶寶的上課時段之外，如果實在無法配合得很好，上課時都湊巧碰到寶寶睡覺或是不適合為寶寶按摩的狀態時，也沒有關係。嬰幼兒按摩課程最重要的是學習按摩，還有觀念的溝通與和其他同齡寶寶家庭之間的教養觀念交流討論，嬰幼兒按摩是一種在家中實施的教養態度和活動，因為家中是寶寶最熟悉的地方，也是親子之間最能放鬆互動的場所。

在課堂上，講師會準備一些和寶寶大小相仿的娃娃，提供參與課程的其他家庭成員，像是爺爺、奶奶、或是爸爸進行練習，當寶寶處於睡眠或是其他不適合按摩的狀態下時，也可以使用娃娃練習，熟悉手法之後，回家再為寶寶按摩，同樣也能夠獲得很好的效果，甚至更好的效果呢！

Q13: 我們夫妻都是忙碌的上班族，雖然也很想幫寶寶按摩，但是下了班常常有心有餘而力不足的感覺，可以直接找有提供按摩服務的保母或是托嬰中心嗎？

A13: 爸爸媽媽們能夠有對於嬰幼兒按摩重要性的覺知，是非常重要的，很高興忙碌的上班族爸爸媽媽，仍然能夠重視嬰幼兒按摩這一項親子教養藝術，雖然因為「人初千日」階段重要性觀念的普及，已經有越來越多的托嬰中心，或是專業的托育人員（舊稱保母）都會主動提供這一項貼心的服務，彰顯國內對於托育品質越來越重視的現象。但是，就像書中一貫強調的，嬰幼兒按摩不單單是一項對孩子產生「生理性」益處的做法，更是一種親子互動的藝術，再專業的托嬰服務，都無法取代愛的關係。當爸爸媽媽經常性撫觸按摩自己的寶貝，不但能幫助彼此身心靈的靠近，那種真切感受寶貝胸膛又厚了、肩膀又寬了的成就感，是無法言喻的。忙碌的上班族爸爸媽媽，不需要拘泥於固定的按摩手法，在中國古老的小兒推拿手法中，固有「小兒百脈，匯於手掌」的說法，在反射法的觀點中，更有腳底是全身器官反射點的觀念。換句話來說，就算只有和寶貝按按手、捏捏腳，也是一種全身按摩的刺激，相信不會有任何爸爸媽媽，連和寶貝按摩手腳的時間都沒有，過程中可以用一種歡樂遊戲的態度，配合手指謠、腳趾謠，看著寶貝天真的臉龐，聽著寶貝銀鈴般的笑聲，也是一種對於整日工作疲憊的療癒方法，建議爸爸媽媽不防試試看。

Chapter 4
愛的分享

愛從溝通開始
～親子溝通從嬰幼兒按摩開始～

按摩是親子之間最溫柔親密的一種對話方式，
每位爸爸媽媽在按摩時，都有自己獨特而深刻的體驗，
自 2003 年起，在台灣已經有許許多多的爸爸媽媽，
和主要照顧者，體會過寶寶按摩的神奇魔力，
他們發揮愛屋及烏的精神，把自己的美好經驗分享出來，
希望能將這個愛的種子繼續播撒下去，其中包括了：
爸爸參與按摩的分享、外籍家庭以新生命和台灣這塊土地產生情
感連結的故事、早到天使因為撫觸按摩成長茁壯的人生、按摩伴
隨著大寶寶繼續長大成兒童的故事，以及寶寶生命中另一個貴人：
保母參加按摩課程的心得與感受…等，
呈現了嬰幼兒按摩的多元廣泛樣貌。

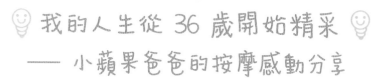

我的人生從 36 歲開始精采
── 小蘋果爸爸的按摩感動分享

── 蘋果爸爸 ──

　　我和蘋果媽媽都是國小教師，在教學的過程當中，發現過動兒或是觸覺防禦的兒童比例越來越高，這一些活潑天真的孩子，常常必須依靠藥物來控制自己的行為，追根究柢，其實多數都來自於嬰幼兒時期觸覺經驗的不足。

　　第一次接觸嬰幼兒按摩，是在天籟溫泉會館舉辦的講師培訓活動，當時並不了解為什麼要選擇一個遠在郊區的地點，事後轉念一想，才發現主辦單位的用意，是希望藉此強迫爸爸必須開車參與這樣子的活動。起初，我和其他家長一樣抱著存疑的態度，不確定按摩是否對於寶寶真有宣稱中的好處。我並不是第一個嘗試為寶寶按摩的爸爸，在看到其他的爸爸開始為寶寶按摩，又加上講師強調按摩時最好不要由父母親同時進行，所以，第二堂課開始，就由我全程為小蘋果按摩。

　　結果，我突然覺得她懂得我了，過去，在蘋果媽媽懷孕到生產的過程中，我雖然很酷的告訴她：「如果可以，我願意替妳痛」，但是卻還是一直存有自己是個 "局外人" 的感覺，自從開始幫她

按摩之後，我們都重新開始認識自己的孩子，我更覺得自己成為她生命的主動參與者。

　　起初，由於中外環境與文化上面的差異，我和其他父母都會擔憂讓寶寶脫光了按摩，會不會著涼、大小便了怎麼辦？然而一旦參與之後，才發現所有擔憂都是多餘的，透過環境的設計，寶寶擁有舒適溫暖的室溫，大小便了，有毛巾墊著，畢竟，什麼都比不上小蘋果的快樂來得重要。我很幸運的在小蘋果 4 個月大，還不會翻身的時候，就開始接觸嬰幼兒按摩，等到孩子長大了之後，就必須適應寶寶的姿勢，不論是坐著或趴著都可以進行按摩。

　　在按摩的過程當中，我最重要的收穫就是 "當我在幫小蘋果按摩時，她對著我微笑"，因此，當有些父母親問我，覺得小蘋果和我們獲得了什麼，我不禁要說：「如果去問獲得了什麼，就什麼都獲得不了。」

　　做為一個父親的角色，我從講師那邊了解到父親角色的參與，對於寶寶未來學術成就上的表現大有幫助，但是在內心深處，我最大的期望卻遠比這個簡單，我只希望小蘋果能夠快樂的成長，她究竟是不是在 3 歲學鋼琴，4 歲學小提琴，對我來說，並不是最重要的。

　　嬰兒按摩對我們而言，是個特殊的經驗，過去，當我走在路上，從來沒有人會主動跟我打招呼，但是，自從有了小蘋果之後，只要我抱著她走在路上，就開始會有人對我們報以微笑，所以我要說，我的人生從 36 歲開始精采。

愛在他鄉
外籍家庭也能在台灣參加國際性的課程

—— Tracey / Suzanne ——

　　我喜歡按摩，對我而言，按摩是種自我放鬆和嬌寵的極致形式，因此不難想像，當我懷孕後，有天逛街時，一本談論嬰幼兒按摩的書籍立刻就吸引了我的注意力。我想，如果我喜歡按摩的話，我的寶寶當然有充分理由也會喜愛按摩。這本書就這樣靜靜地躺在我為寶寶準備的嬰兒房書架上，直到 Luke 在 8 月份終於來到這個世界，成為我們家庭的一份子，我還是忙著享受當媽媽的新角色，仍不曾進行閱讀。

　　後來，我在一個專為生活於台北說英語的媽媽所架設的網站上看到專門為寶寶按摩課程的訊息，10 月份就和另外兩個朋友一塊兒去上課。自第一堂課起，Luke 就愛上按摩了，一把他衣服脫光，他就會興奮的踢腿並且發出歡喜的聲音。

　　課程當中，Ivy 鼓勵我們跟寶寶"交談"，每一堂課我們不但學習按摩手法，Ivy 也會跟我們談按摩的種種好處，並且鼓勵我們討論相關的育兒主題。現在課程已經結束了，但我仍持續為 Luke 按摩，他愛極了這種溫柔的撫觸，事實上，他已經不能沒有它了，我會持續為他按摩的。

　　表達對寶寶愛的方法有很多種，而按摩絕對是很棒的一種。

～愛心媽媽 Tracey

　　我在一年半前移居台北，起初認識的人並不多，直到懷孕後才認識了一群寶寶年齡相仿的媽媽們。在 Niklas 大約 4 個月大時，有個媽媽提議要參加按摩課，正好我想幫 Niklas 按摩已經很久了，因此就欣然同往。

　　這是堂很有趣的課程，只有三對親子，每個寶寶反應都很不一樣，Luke 是個安靜的享受者，Alexi 總是動個不停，把所有身邊的玩具都往嘴裡塞，Niklas 則需要多一點點時間來適應撫觸。起初 Niklas 並不喜歡腹部和臉部的撫觸，但幾次之後漸漸適應了，也越來越喜歡了，現在按摩可是我們睡前的例行事務了。

　　我覺得很有意思的是，他之前試著想翻身很久了，結果在一次按摩課時終於成功，因此我想按摩幫助他發展了對自己身體較佳的感覺和控制。我很喜歡幫寶寶按摩，此時此刻，我覺得跟他很親近，現在他 6 個月了，比較會表達自我了，開始會 "告訴" 我哪些地方要多按點，哪時候要換地方按摩，或是哪個時候要停止。按摩完後，他喜歡在遊戲毯上玩一會兒，接著常常就立刻入睡了喔！

~ 愛心媽媽 Suzanne~

小多多的保溫箱
——多媽媽按摩心得分享

—— 周翠玟 ——

很喜歡跟小多多之間的肌膚之親,也從一些報導當中知道多與早產兒進行肌膚之親,可以增加他的安全感跟促進發育,因此在小多多尚未出生時,我就已經預約按摩課程的說明會,想要多加了解。

小多多在保溫箱中時,在護士協助下,我採用袋鼠護理,但轉出保溫箱到普通病房時,就沒有機會了。

回家後,在長輩的觀念要多穿衣服下,我根本沒有機會幫小多多脫衣服赤裸地接觸及按摩,再加上小多多有住院一個多月的經驗,他不喜歡赤裸,手跟腳也都很緊張收縮,且胃口跟體重一直無法上升,更加強我想幫他按摩的決心。

因此決定參加按摩的課程,希望藉由他們經驗的幫助,可以讓我順利打破僵局。而有幸認識 Amanda 跟 Ivy 老師,及小多多的同班同學奕勳哥哥。

第一天小多多真的超超…害羞,才要幫他脫衣服,就哇哇大哭,一點都不讓我脫。脫完後,一直躲在我的懷抱裡,都不肯出來,先是要吃奶,接著就跟著睡覺囉,唉!這是第一次接觸。

因為有了上課跟同學一起脫衣服的經驗,小多多的奶奶比較

能接受把衣服分次脫掉，到現在可以全身脫光光。因此在家時，一開始是利用換尿布洗屁股時，幫他按摩腳及腹部，這樣只要脫褲子就好，不用脫衣服。

如此一來，小多多比較能接受按摩腳，但腹部到現在還是不太能接受，從第一堂課到畢業，不僅小多多學習到認識自己赤裸裸的身體及放鬆，而每次完成按摩後，他一定要吃ㄋㄟㄋㄟ（增加食慾）。

我也學習到很多，學習觀察小多多目前的情緒如何？喜歡哪些動作？幫他按摩時，我也很享受跟他的親密接觸，有時無聊時，這也是我們之間的遊戲喔！

雖說課程結束了，但我跟小多多之間的親密之旅，還是要持續下去哦！

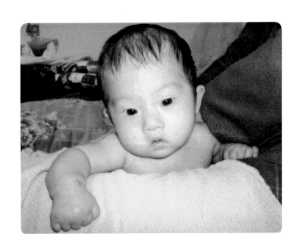

親密與戰爭之路
──成長中的兒童按摩心路歷程分享
── 黃伊綺 ──

呼！瑋瑋拿到了生平的第一張結業證書。是的，按摩課結束了。第一次去上課的情形，回想起來還覺得尷尬，猶記得當天剛進教室時，他還坐著到處觀看，我還向 Ivy 說：「依經驗，他到新的環境要到第 2~3 次才會有所行動，是個觀察型的孩子。」沒想到話才說完沒多久，他已經開始移動他的身體到處碰碰摸摸，啊！當時我這個當媽的，感覺臉都熱了起來。

當天上課，只見一位想盡辦法要將 11 個月大孩子抓到定點的狠狠媽媽，當然還有一個玩得不亦樂乎的快樂小孩，回家的路上，我問自己，我帶這麼大的孩子去按摩是對的嗎？是否要放棄呢？按摩對他是否有正面的幫助呢？「是的，按摩對孩子一定會有幫助，就算無法將所有的按摩手法使用上，至少多些親密的撫觸對孩子有正面的意義，所以不放棄 (我給了自己這個答案)」。有了不放棄的念頭後，在往後的上課情況有了漸入佳境的感覺。

瑋瑋終於肯乖乖躺著按摩了嗎？呵，假若真是如此，我就出運了，對一個 11 個月大的孩子而言，探索環境都來不及了，怎麼可能要他固定在一個地方呢？當然不可能啦！只見課堂上的瑋瑋，除了躺著，什麼姿勢都有，而我的手就是不離開他的身軀，

因此可以見到他可能這一刻正坐在我腿上，下一秒就變趴著了，有時面對面，有時坐我身旁，當然有時像是要逃開似的，但還是在我可以按摩到的範圍，真可說是他魔高一尺，我道高一丈啊！他絕對無法逃離我的"摩"手，哈哈哈！在家時，當然趁任何機會幫他按摩，在他剛準備入睡時，安靜玩玩具時，或是摸摸他的小腿，或是拉拉他的小手，或是放個音樂跳個舞。

　　當然，有時還是會像戰爭似的，但都是在他很愉快時給予按摩，而當我發現瑋瑋似乎很喜歡背部按摩時，洗澡就成了另一個好時機，當他在玩水時，我就幫他按摩背部，每每讓他都不想結束洗澡。現在，瑋瑋還會在我幫他按摩時，模仿我擠出按摩油在手上的動作，用雙手手掌摩擦，說不定不久之後還可以教他幫我按摩哩。對啦！瑋瑋自從按摩後，已經有點肉肉的了，對一直努力養卻養不胖他的我來說是很大的鼓勵，這是我和寶貝瑋瑋的親密及戰爭之路，只要是他願意，我就會持續下去。

嬰幼兒按摩：詮釋最美麗的期待
——韓國小姐台灣媳婦的按摩日記

—— 金賢貞 ——

　　如同大多數職場媽媽的擔憂，或者是無法懷孕的困擾，我也有 3 年多以上維持這樣子的想法，我得說我很害怕擁有小孩之後的生活。時間不再屬於我，甚至我自己都不再屬於我。這就好像是要跨越一座再也無法回頭的橋樑。而我的姐姐就是一個好例子，她在 10 年前生了一個小男孩，家裡所有一切事情似乎就驟然不同了，我親眼看到姐姐的改變。而讓我最為恐懼並且在過去 10 年不願意有寶寶的因素，則是當今醫院對待產婦的方式，及周遭人士會有表達強烈的意見和成見（通常都是產婦身邊的人，像是媽媽、婆婆或是鄰居。總之，我真的不覺得新手父母受到足夠的尊重）。

　　自從我定居台灣之後，我發現我可以比較自主的設定我自己的生育計畫了，也開始閱讀一些醫學性或是教養性的文章。在閱讀超過 200 本以上的書籍之後，我清楚的認知到，擁有與寶寶相關的知識是一件很重要的工作。知識可以幫助母親跟醫生在內的其他人溝通時，更簡短、更強而有力，並且更具說服力。這樣的溝通對於媽媽和寶寶都是很重要的。

　　很幸運的在偶然的機會之下，參加嬰兒按摩的課程，並認識同班那些很棒的媽媽們及嬰幼兒按摩講師 Ivy。Ivy 不僅僅只是一位老師，也是一位擁有專業知識的寶寶觀察者，跟她在一起是

▼ 右邊為賢貞

個相當愉快的經驗。幾乎和其他所有寶寶節目一像是 Discovery DVD 系列：寶寶、懷孕與生產一樣，他們都強調媽媽和寶寶之間第一時刻的肢體接觸，越早開始這樣的肢體接觸，對於媽媽、寶寶雙方的彼此認識越好。

一談到"接觸"，我和另外兩位很棒的媽媽（士芸媽媽和曼琳媽媽）一起參加的嬰兒按摩課程真是太棒了。其他兩位媽媽都和寶寶一起來參加，只有我是懷孕 8 個月。過程中我很仔細的觀察他們在按摩當中的感受，以及他們如何在按摩的過程中彼此溝通。寶寶們也很棒，他們保持和媽媽的眼神接觸、觀察環境，甚至有時候兩個寶寶彷彿會試著想認識對方，就好像在商業會議中一般的開始互動。

懷孕真的是一件很棒的事。它讓一個女孩在生理上和心理上轉變成一個母親。近 9 個月以來，我並不完全了解在我大腦中所實際發生變化的每一項細節，但是我卻常常感受到我的自我和另一個自我交錯在一起。醫生把他稱做"母親的自我"，這可以讓懷孕的女性放鬆許多。我即將成為一個真正的母親（預產期 6 月 20 日），在那之後我將在 2~3 個月內把我剩下的 2 堂按摩課程補課完畢，希望我也能在我的寶貝降臨這個人世間的那一刻起就愛上他。感謝 Ivy 和 Amanda。

愛不能取代，我們是愛的好幫手
──專業合格保母按摩記事

── 余靜宜 ──

某天下午，老公拿著報紙指著一篇關於「嬰幼兒按摩的報導」，興沖沖的告訴我說：「嘿！這是妳有興趣的。」我不禁好奇的接下報紙，很認真的看完，一直以來我對於幼教相關的課程和資訊，總是懷著高度的興趣，這次自然也不能錯過，於是透過 E-mail 幾次的聯繫，我終於報名「嬰幼兒按摩～教保人員檢定的課程」。

這是一個全新且令人難忘的經驗，課堂上的同學大部分是幼稚園老師，還有一位是執業中的保母，我雖領有丙級保母證照，卻仍然還在女兒身上做各式的實驗，因為總不能把別人的心肝當實驗品吧！不過到目前為止，我倒是可以很自豪的說，女兒是幸福的，而且健康良好，聰明活潑。

女兒出生前，我在醫院上班，由於院內的在職訓練，因此接觸過嬰幼兒的按摩課程，只不過那是一些很簡單的按摩手法和常識，當時我還沒懷孕，但這樣的課程卻引發我的好奇，所以也去找了一些相關的書籍加以研究。女兒出生後，果真是派上用場，從她出生一個星期後，每天晚上洗完澡，我一定幫她做全身按摩，女兒總能很快的入睡，睡眠品質非常的好，滿月後就能一覺到天亮，吃奶的情況也好極了，胃口好，生長曲線也總是在標準之上，

▼ 第一排左邊第一位為靜宜

醫生都說她是健康寶寶，只是當時家人也有疑慮，這麼小為什麼要按摩？有什麼好處？不會著涼嗎？……但幸運的是我的婆婆雖有疑慮，卻也不曾阻止我，直至目前為止，女兒三歲了，沒有意外的話，幾乎天天洗完澡就是我們母女倆的按摩時間，老公在家的話，也會利用這段時間陪著我們，一邊聊天、一邊按摩、一邊吹頭髮，有時候女兒也會用她的小手幫我或老公按按身體，一邊說按摩，感覺真的很幸福。

上完教保人員的課程，除了拿到檢定證書外，IVY 老師還帶給我們許多新的觀念，包括要尊重孩子的感覺，尊重她的身體和決定，不能為了按摩而按摩……等，按摩的好處大家都知道，在此無需我的贅述，不過我真的很希望能將按摩的精神和理念傳播出去，因為我的孩子持續接受按摩，到目前為止，她的學習能力強、睡眠品質好、安全感夠、不怕生、更少哭鬧、非常的活潑外向，遇到挫折，安撫一下，很快就 OK 了，每天花短短的幾十分鐘至半小時的時間，不但讓我放輕鬆也讓女兒享受到了，真的非常值得，我多希望天下的孩子都能像我女兒一樣的幸福，大家一起加油吧！給孩子足夠的幸福，我們的社會就會更溫馨、更有希望囉！

愛的限時專送
——嬰幼兒按摩

—— Cindy 林－高雄 丞伶媽媽 ——

透過產檢的醫院得知即將有"寶寶按摩"的媽媽講座，心想這麼小的寶寶也需要像我一樣去做 spa 嗎？到底按摩對寶寶會帶來哪些益處呢？一連串的問號引發了我對於認識 BABY MASSAGE 的興趣。

再一次與機構聯絡是妹妹滿 3 個月後，因為一直沒看到南部的開課訊息，於是寫了一封 E-mail 詢問，驚喜得知老師可以到府上課，而且只需有一個平坦的小空間、一條大浴巾及緩和的音樂即可進行教學。如此一來便解決了當初擔心寶寶還小外出不方便等問題。

第一次上按摩課，看到滿臉笑容的佳芳老師提著一個超大的小叮噹袋子，我的心中充滿著狐疑裡面到底裝了什麼按摩工具？原來是兩個以防真寶寶不合作時所代替按摩的假寶寶。由於妹妹喝完牛奶的時間距離上課時間太近，因此第一次上課媽咪是用假寶寶練習，妹妹則由爸爸抱著在一旁好奇的觀看著。當天下午媽咪馬上把妹妹抱來練習，剛學會翻身的妹妹完全不在媽咪的掌控之中，一心只想努力展示剛學會的翻翻神功，只好請爸爸負責在

旁邊拿著玩具逗她，在一陣
手忙腳亂之中，還是完成了
與妹妹第一次的按摩。

　　很多人會問我幫妹妹
按摩有什麼好處？除了那些
大家都知道的答案之外，我
想就是促進腸胃蠕動吧！在
第一次按摩後我們隨即帶她
外出，短短的車程中我發現妹妹在用力嗯臭臭，抵達目的地準備
幫她換尿片時，驚覺她整個背部、衣服、座椅都是大便，爸爸當
場對 BABY MASSAGE 的功效稱讚不已。

　　慢慢地妹妹養成了每天洗完澡後按摩的習慣，雖然她還是比
較熱衷於自己的翻翻樂。不過就像當初佳芳告訴我的一樣，每對
親子一定會發展出一套關於自己的 BABY MASSAGE 方式及樂
趣。從妹妹洗完澡後等待被按摩的眼神，我體會到每天短短的半
個小時卻可以帶給她無限的愛與溫暖，我會繼續持續下去，更期
待有一天她開口跟我說：「媽咪，我們來按摩吧！」

【人初千日】覺醒 1st 1000 days awareness

出處：新新寶母 NUTURER 網站 www.nuturer.com
作者：鄭宜珉

　　【人初千日】指的是從一個胚胎受胎開始，往後推算 1000 天的日子，這個大約三年的日子，是人類一生當中最重要的生命階段，但也是最脆弱的生命階段。在這個 1000 天當中所發生的所有「戲劇化」發展方面的變化，是在其他生命階段永遠不可能重新來過的。這一些在此階段發生的驚人發展，包含了：肢體發展、社會情緒發展、認知發展、語言發展、神經發展……等許多領域的發展。要確保所有寶寶都擁有最好的生命開端，要保護他們發展全方位潛能的機會，再沒有什麼比促進【人初千日】覺醒更重要的事情了。

　　The onset of【the 1st 1000 days】is the successful conception of a baby, and it lasts for 1000 days, proximately 3 years. It is the most essential life stage of a human being, but also the most fragile life stage of a human being. All dramatic developmental changes happened within this period can never reappear again in later years. These development changes include physical development, social emotional development, cognitive development, language development, neurological development, and many other developmental fields. To ensure all babies have the best start to life，and to protecttheir opportunities to reach full potential, nothing is more important to promote the【the 1st 1000 days】awareness.

全球的【人初千日】覺醒
1st 1000 days awareness around the globe

在聯合國，【人初千日】計畫已經在全球各國執行，包含世界衛生組織（WHO）、聯合國兒童基金（UNICEF）都是這個計畫的一環。聯合國【人初千日】的主要目標，是要確保所有的兒童，尤其是開發中國家，或是處於貧窮線以下的兒童們，都能在這【人初千日】關鍵之窗，獲得妥當的營養。無疑的，這是一個很棒的計畫，但是，【人初千日】的兒童所需要的，不單單只是基本的適當營養，他們同時需要身體和心靈的滋養性照顧。我們需要更完整全方位的覺醒程度。「新新寶母」NUTURER，一個從台灣出發的全球性機構， 是目前全球第一個推廣這種全方位【人初千日】覺醒的機構。

In the United Nation, lst 1000 days projects is actively taking place around the globe, with the joint support from the World Health Organization (WHO) and United Nations Children's Funds (UNICEF). The major aim of these global projects is to ensure all children; especially those who are at developing countries and who are under the poverty line have proper nutrition in the 1st 1000-days window. This is no doubt a great global project. However, what children need in this 1000-days is much more than the "basic" proper nutrition, they need all nurturing care for both body and mind.We need more complete awareness. NUTURER, a global institute based on Taiwan is the 1st institute around the world in promoting this full awareness.

中產階級家庭兒童的貧困飢荒
The children's hunger and poverty in the middle class families

多數發展學家都同意，貧窮與饑荒是兩項兒童福利的重大風險因素，這就是為何有這麼多全球性的組織，包括 UN、

WHO、UNCIEF 等，都如此致力於支持遭受社經地位弱勢所苦的兒童，然而，比對社經地位的貧窮與軀體的饑荒顯而易見，「愛」的貧窮饑荒卻是「隱形」的存在著，並且可能會讓多數人大吃一驚的是，這種「愛」的貧窮饑荒，在中產家庭的兒童當中相當普遍。中產家庭的家長，總是習慣為孩子安排了各種「計畫」，但是不幸地，他們的孩子不見得也同意這些「計畫」，特別是當他們處於【人初千日】的階段。【人初千日】階段的孩子，需要的是愛、陪伴、與尊重，不是完美的計畫。這並不是說中產階級家庭的家長不愛孩子，但是表示他們需要更多的覺醒來選擇愛的方法，特別是在【人初千日】的階段。

All would agree that both poverty and hunger are main risk factors for children's welfare. That's why many global organizations, including the UN, the WHO, the UNICEF, and so on worked hard to support children suffering social economic status minority. However, while the SES poverty and physical hunger are easier to be seen，the hunger and poverty for love is often invisible. Surprisingly to many people, this hunger and poverty for love is very common in the middle class family children. Parents in the middle class family always have all sorts of "plan" for their children，but unfortunately，their children don't always agree with their plans, especially when they are in the 1st 1000 days window. What children within this 1000 days needs is love , accompany, and respect，rather than a perfect plan. This is NOT to say that parents in the middle class families do not love their children, but to say that they need more awareness in loving their little ones especially in the 1st 1000 days.

【人初千日】覺醒的知識與工具
The knowledge and solutions for the 1st 1000 days awareness

　　我們都同意，中產階級家庭是社會安定的重要力量。讓中產階級家庭兒童能正向發展是我們刻不容緩的第一步，要滋養孩子們，關鍵角色包含了圍繞著這些孩子的家長、老師、托育人員、醫護人員、和整個社會。要提高這些人的覺醒，我們需要發展各種【人初千日】的知識與工具。自從 2003 年起，新新寶母 NUTURER 機構已經發展出了「CBM 母嬰按摩課程」、「CBM 孕產按摩課程」、「BSS 寶寶音樂手語課程」、「DS 寶寶動能知覺瑜珈課程」、「IAF 寶寶親水游泳課程」、「NBF 寶寶天然副食品課程」，並持續發展中。所有這些課程都正對中產階級家庭的脾

胃，充滿吸引力，也因此，課程當中所傳遞的知識與價值，能潛移默化地達成【人初千日】更多覺醒，也創造更多幸福感。

　　We all agree that the middle class families are stabilizing anchor forces for a society. To flourish children's development in the middle class families is an important step needs to be taken immediately. The key roles in nurturing children in these families are all adults who are with the children，including parents, teachers, nannies, medical professionals, and the whole society. To awake them，we need develop knowledge and solutions for the 1st 1000 days awareness. Since the year of 2003, the knowledge and solutions developed by the NUTURER institute include 「CBM baby/mommy massage program」, 「CBM pre to postnatal massage program」,「BSS baby sign'n'Sing program」,「DS dynamic sensory baby yoga program」,「IAF Infant aquatic facilitator program」,「NBF natural baby food program」 and more programs are developing.All these programs are just attractive and appealing for middle class families, and with the knowledge conveyed in these programs, the 1st 1000 days awareness can be reached and more happiness can be created in the families.

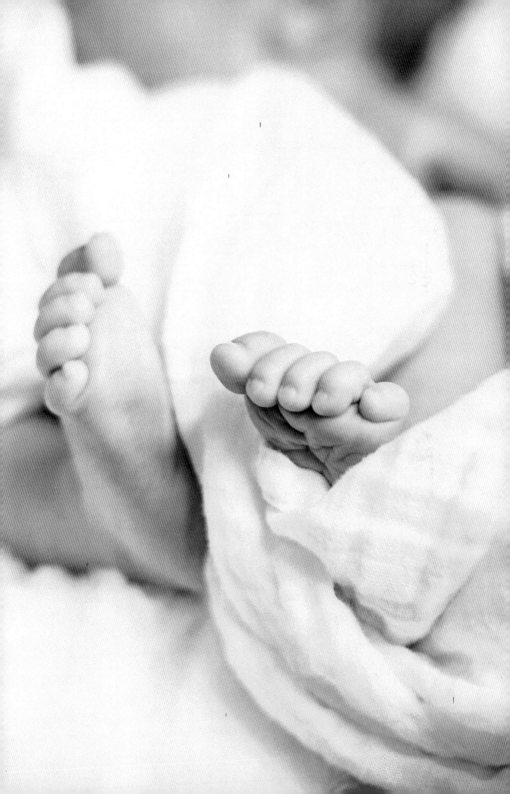

國家圖書館出版品預行編目 (CIP) 資料

全球嬰幼兒按摩專家都推薦的寶寶按摩全
書/鄭宜珉著. -- 初版. -- 新北市：大樹林，
2017.02
　　面；　公分. -- (自然生活；19)
ISBN 978-986-6005-61-9(平裝)
1. 育兒 2. 按摩
428　　　　　　　　　　　106000754

自然生活 19

全球嬰幼兒按摩專家都推薦的寶寶按摩全書

作　　者／鄭宜珉

編　　輯／王偉婷

排　　版／April

校　　對／12 舟

封面設計／FE 設計 葉馥儀

出版者／大樹林出版社

地　　址／新北市中和區中山路 2 段 530 號 6 樓之 1

電　　話／ (02) 2222-7270　傳　真／ (02) 2222-1270

網　　站／ www.guidebook.com.tw

E- mail ／ notime.chung@msa.hinet.net

FB 粉絲團 / www.facebook.com/bigtreebook

發 行 人／彭文富

劃　　撥／戶名：大樹林出版社　·帳號：18746459

總經銷／知遠文化事業有限公司

地　　址／新北市深坑區北深路 3 段 155 巷 25 號 5 樓

電　　話／ (02)2664-8800·傳　真／ (02)2664-8801

數位版 3 刷／2024年9月

定價／ 300 元　ISBN ／ 978-986-6005-61-9